U0050081

綠色殯葬暨其他論文集

Green Funeral and Other Essay

邱達能◎著

黃 序

本校（仁德醫護管理專科學校）生命關懷事業科邱達能主任，自 96 年就讀華梵大學哲研所碩、博士以來，即致力於「中國哲學」、佛教、基督教等多元生死觀的闡發與「綠色殯葬」人文價值之專研，及至 100 年擔任生命關懷事業科主任後，亦仍不遺餘力於其中，不但致力於後進「殯葬與人文」專業領域之培育，同時配合校方藉由產學合作戮力於殯葬業之改革，先後設立「死亡體驗教室」之「生前教育」，協助學生打破死亡禁忌、成立「生命禮儀中心」，藉以培養學生對於「往者」更具「尊重」與對「生者」更具「關懷」的生命價值觀，以為未來專業領域之投入的人文根基；此外，更配合政府推動現代化殯葬設施及優質化殯葬服務之政策，推動殯葬從業人員專業化，提升殯葬服務品質，特設立各種殯葬專業教室，以培養殯葬專業人才；同時觸角更延伸至國際交流。歷經不斷專研突破與推展十年，於生死禁忌之打破、專業人才之培養上，以及相關學術之研究，皆呈美好成效；同時將十年研究集結成《綠色殯葬暨其他論文集》出版，以為未來「他山之石」之用。

《綠色殯葬暨其他論文集》共集結〈對臺灣綠色殯葬之省思〉、〈儒家土葬觀新解〉、〈省思綠色殯葬政策背後的依據〉、〈先秦儒家喪葬思想對當代喪葬問題的省思〉、〈宗教的生命觀〉、〈試論佛教中陰身及其現代應用〉、〈從臺馬經驗看客家喪葬禮俗的變遷〉等專業論文，每一篇論文的剖析，可謂如寶劍出鞘，處處見耀眼光芒，用之理論之學習或實務之推展，皆有助力。

書中有關〈對臺灣綠色殯葬之省思〉與〈省思綠色殯葬政策背後的依

據〉兩大主題，主就「推動環保自然葬、節用土地資源」、「以人為本的價值理念」、及「以自然為依歸」等意涵，分別對於綠色殯葬的興起、實際作為、思想依據、生死安頓層面，以及綠色殯葬相關政策的省思與解決之道，做更深層的剖析與探討；同時結合道家莊子「（生死）相與為春秋冬夏四時行也」、「適來，夫子時也；適去，夫子順也」、「安時處順」之生死觀，及莊子「吾以天地為棺槨，以日月為連璧，星辰為珠璣，萬物為賫送。……在上為烏鳶食，在下為螻蟻食，奪彼與此，何其偏也?」中強調「自然葬」的精神，深層探討剖析其之於現代「綠色殯葬」之思想意涵的根源與作為實務面之可能性。

其次〈儒家土葬觀新解〉與〈先秦儒家喪葬思想對當代喪葬問題的省思〉單元，主就傳統儒家所強調的「眾生必死，死必歸土」(《周禮》)、「魂氣歸於天，形魄歸於地」(《禮運》)，「葬之以禮，祭之以禮」，以及「身體髮膚，受之父母，不敢毀傷」等生死觀，剖析傳統儒家「安土厚葬、靈魂歸天」與「完屍」的思想，之於「土葬」的思想依據。同時引入道家「自然葬」的思想，賦予儒家殯葬現代意義，作為心靈轉化的關鍵與動力。

再者〈宗教的生命觀〉、〈試論佛教中陰身及其現代應用〉兩大主題，旨在探討人最根本的生死現象。前者從輪迴觀、如何解脫，證得涅槃到西方極樂世界，以及就救贖意涵，強調只要相信有神，就能進「天國」得永生的盼望，分別探討佛教與基督教「靈魂不滅」的生死安頓觀。後者以佛教「輪迴觀」作為思想論點，剖析人死後到投胎前的「中陰身」(靈魂、鬼魂）存在與否、業報如何，從死後前十四天的「法性中陰身」與後七天的「受生中陰身」際遇，是否可進入佛國、是否藉由身前修行與臨終念頭，以及「誦經」與「法事」得到解脫，投胎轉世，皆有詳盡的頗析。

至於〈從臺馬經驗看客家喪葬禮俗的變遷〉一文，主要走出台灣，放眼國際，分別就「殯」、「葬」、「祭」與「服喪」等層面比較兩地客家喪葬禮俗的變遷。其一探究兩地「殯」由繁而簡的儀式，探討社會型態、兩性平權之於「殯」的自主性與尊重度的轉變；其二探究其「葬」由傳統土葬，而火葬，進而引入「綠色殯葬」的演化過程的變遷；其三對於「祭之以禮」部分，探討兩地如何喚醒或因「宗教禁忌」、「建築」等社會型態，導致情感漸趨淡薄的變化；其四針對傳統階級身分嚴明的「喪服」，因應社會型態的改變，已由繁就簡與色調變化之趨勢，論點頗能呈現臺馬兩岸客家喪葬禮俗的變遷。

凡物有氣者，必有生；有生必有死。而生之始，亦是「向死的存在」。死亡既是先驗性的必然，同時也是經驗性的必然，任誰也無法逃離此一自然規律。因此古人或有「長恨此身非我有」，慨嘆生命須臾，「譬如朝露」，「譬若石火光陰」，瞬間消逝。至於如何跨越生死難題，「乘化歸盡」，坦然「送死」，也就成為生命必然面對的課題。然而對於死後的「安頓」之所，或因文化習俗，或宗教信仰，或因時制宜，便有傳統的土葬、火葬，……及「綠色殯葬」等多元形式的衍變，此《綠色殯葬暨其他論文集》，皆有導引之磚，值得諸君輕叩，必有迴響！

仁德醫護管理專科學校校長

黃柏翔 謹誌

106年8月30日

綠色殯葬・傳統信仰・生死觀・當代對話

這些年來，綠色殯葬在國際殯葬業者之間一直是業內熱門議題。這個議題，涉及公共領域，牽動相關文化、科技、環保、土地等觀念演變，也牽涉到殯葬業者的未來轉變。「綠色殯葬」作為概念，亦推動著同業考慮如何才是創新的綠色殯葬操作模式，直接影響著業者不得不從市場規劃到經濟預算都去設想，討論是否轉型、如何轉變經營方式。因此，就課題的內容與意義而言，達能兄討論臺灣各地區推行「綠色殯葬」所遭遇的阻力，其實並非孤立現象，其他地區也有遇到相似情況，可供互相借鑒參考。尤其在臺灣，各地區實行綠色殯葬的經驗，源自一個主流族群深受儒釋道觀念影響的情境，恰恰提供大眾一個西方綠色殯葬觀念輸入華人世界的模型；這其中，臺灣實施綠色殯葬是否必要，能否方方面面更加有益當前民眾與未來子孫，其衍生各種討論，值得其他地區參考。同時，綠色殯葬如何落地，又如何以落地形式轉化出切合民眾傳統觀念的說法，也是值得探索的問題。因此，本書系列文章雖然側重在臺灣本土綠色殯葬，可是文字陳述的觀察與思考結果，對其他地區仍有借鑒的作用。

而達能兄關注到實施綠色殯葬的成敗，重心應該放在轉化人們的「全屍」觀念，以及轉化人們執著的「入土為安」要求，也是觀察入微。就漢民族歷史而言，早在漢晉，「全屍入土」的觀念就已經被引進信仰領域。如東晉道教《太上洞玄靈寶滅度五煉生屍妙經》，其中提到「托屍太陰……庇形後土」，顯然是既神聖又神秘的論證，說明全屍入土的目標在於借助土地元氣維繫死者原來形態，以利死者接受超度，轉化成仙。但是，古人早知道屍體在地下會逐漸腐爛，此經所謂「托屍太陰」和「庇形後土」，實際是指土地靈氣保護死者魂氣凝聚成形，使得魂氣不會因為死者身體消失而缺乏依託，再也凝聚不成死者生前形態。但是，要理解道教生死觀也不能單憑此經內容孤證取義。從道教另有不少相關「水火煉度」的經典可以斷言，真正接受超度的是魂體，並非屍身。依託土地元氣保護靈魂凝聚，不一定能成仙，只是為了保證歷次墳前超度有效，是從權之舉。相反的，「托屍太陰」和「庇形後土」，還得注意不在養屍地，以免先人屍體不化，發生演變成為殭屍之虞。換言之，漢民族以為死者一條魂氣居住墳墓，而「地氣保護著魂氣凝聚成形」，當綠色殯葬的概念遇上漢民族習慣說「入土為安」，它其實挑戰著的信仰觀念。由此可知，綠色殯葬要對話「入土為安」，關鍵也在信仰本身。如果能說明現代社會不比古人缺乏資源，不一定必須依靠土地保護死者魂氣以便等待未來超度，儘早超度尚保持凝聚成形的新魂，而不是糾纏在考慮葬法，反而更合乎家人親屬希望死者超越現世的願望。

以上述論說繼續進路，可知達能兄這本書有好幾篇相關宗教生死觀的論文，有助讀者思考綠色殯葬如何落地當地的社會文化氛圍。這些文字，看似與綠色殯葬沒有直接關係，卻其實都可能有關。實際上，不同人物對死亡保持不同的觀念態度，對死後世界各有認知，對如何對待遺體處理也各有想法，往往取決於各自傾向的宗教信仰，而一個人信仰的堅決程度也會決定他處理生命禮儀的態度層次。正如伊斯蘭教義主張速葬、薄葬，而規定信徒只能是土葬，決定了他們討論綠色殯葬的底線是土葬，只限於如何節約殯葬用資源與土地；但印度教主張的速葬、薄葬卻自古強調必須火葬以及灑骨灰於江海，就使得他們討論綠色殯葬關鍵在防範殯葬過程造成河海污染，乃至討論祭品以及未曾燒完遺體進入河海的生態影響。從不同宗教觀點闡述各教信眾的死亡認知——確定死者得度，非關死後屍身的存在，而是以基督教所謂靈魂，或道教所謂原靈／魂氣，或佛教所謂識神/

中陰身，進入更高生命境界，或者可能帶動綠色殯葬理念對話宗教救度思想，為綠色殯葬發展提供更大發展空間。由此而言，綠色殯葬如何轉化至當地的文化語境，首先其操作形式與內容，都必須有能力對應地方上各種信仰群體的宗教生死觀。

每個人的生死觀念原本不盡相同。毋庸置疑，信仰的抉擇決定了生死觀念，也左右了殯葬的內容與形式。達能兄的文字，基本上提供了這一思路的佐證。現下各種綠色殯葬的主張和方法，實踐以後是否真正環保，有待實際效果驗證，但其推行過程肯定會對話民間文化傳統，也可能不小心動搖民眾從信仰風俗維繫的心靈充實，付出社會代價。不論何種綠色殯葬理念，一旦實施，從具體操作的細節對話民眾所秉持生死觀念的信仰源頭，是必須的。

然而，追隨著達能兄分別鎖定臺灣與馬來西亞客家社群的觀察，也可看見現代年輕一輩接觸傳統機會少了，受著資本主義金錢觀念影響大了，有些人從信仰和生死觀都不是那麼清晰，逐漸演變至有人誤會禮儀活動應該聘用專業人員，花錢給外人負責；他們面對親人最後一程，卻不再理解親自實踐系列禮儀是自身為死者盡心的義務，是體驗生死感受、療傷止痛與心靈轉化過程。如此條件下實行的簡化殯葬、綠色殯葬，固然可能因著主家考慮著省事、怕麻煩、節省經濟等等，少了阻力，但實際上衝擊孝道和倫理價值的底線，反而不利於喚醒家庭乃至社會和諧的情感認知。正如達能兄所言：在親情維繫的考量下，簡化的趨勢必須止於一個限度。

以上二千餘字，既是讀後感言，也忝為序言。謹此祝賀達能兄出版了一本好書。

王琛發，馬來西亞私人墓園商會會長、東西方生死學基金主席。現任馬來西亞道教學院、道理書院董事會主席兼院長，中國山東大學儒家文明協同創新中心訪問教授、浙江大學美國研究中心兼職教授、越南國家人文與社會科學大學中國研究中心高級研究員。

以學思歷程代序

一、以綠色殯葬研究為主的學思歷程

自從民國 91 年「殯葬管理條例」通過之後，臺灣的殯葬政策於焉進入了綠色殯葬的階段。在此之前，臺灣的殯葬政策曾經經歷了土葬和火化進塔的階段。在土葬的階段，政府把處理的重心放在墓園設置與景觀的管理上，認為只要把墓園的設置地點、方式和景觀管理好，殯葬的問題自然就會解決。因此，從民國 65 年開始推動公墓公園化政策。到了民國 72 年，正式落實為「墳墓設置管理條例」。

本來，政府認為這種公墓公園化政策的推出，殯葬問題一定可以迎刃而解。可是，政府萬萬沒有想到的是，這種政策雖然解決了墓園設置和景觀的問題，卻沒有解決土地利用的問題。因此，到了民國 79 年又推出火化的政策，希望藉著火化進塔的方式解決土地利用的問題。照理來講，這種針對土葬缺失所提出的政策應該可以順利解決土地利用的問題。然而，事與願違。之所以如此，是因為火化進塔的政策還是要利用到土地，而這種土地利用的方式幾乎重新複製了土葬的做法。由此，火化進塔還是沒有辦法真正解決土地利用的問題。

到了民國 91 年，政府為徹底解決土地利用的問題，又提出綠色殯葬的政策。表面看來，這次政策的提出是為了環保的需求，實質上卻是為了土地利用的問題。只是在環保時代注重價值的配合中，政府發現綠色殯葬最能解決土地利用的問題。因為，無論是樹葬、花葬或海葬，它們使用的土地是最少的，甚至於是沒有的。既然如此，這種殯葬政策的提出真能徹底解決土地利用的問題。又由於這種綠色殯葬的政策是符合環保的時代價值，因此在推動上就比較不會遭到一般人的反對。

如果真像政府所想那樣，那麼綠色殯葬的政策理當推動極為順利。可是，就實際推動情形來看，成效卻不如預期。其中，高雄市是最早實施海葬的地區。在「殯葬管理條例」通過之前，高雄即已經有了海葬的規定。只是實施之初，辦理的件數只有 14 件之數。隔年，亦就是民國 91 年，辦理件數亦只增加到 28 件而已。其後，直到民國 96 年間，辦理件數每年一直維持在一、二十件之間。至於樹葬，最早辦理的則是民國 92 年底的臺北市富德公墓，辦理的件數亦也只有 203 件。隔年，樹葬則增為 390 件，灑葬為 38 件。

面對這樣的成果，在當時令作者產生不少的疑惑。首先，綠色殯葬既然是配合時代價值環保的做法，照理來講應該受到一般民眾廣泛接受才是，何以會出現這樣的結果？到底哪裡出了問題？其次，殯葬是否只是一種形式性的服務？如果不是，那麼它的實質內容是什麼？是否就是這樣的實質內容影響一般民眾的接受度？那麼，是否需要針對這樣的問題做進一步的處理？

為了解答這樣的疑惑，作者在民國 96 年撰寫碩士論文時即把這些疑惑當成論文主要要解決的問題。由於作者過去曾經服務於殯葬實務的前線工作，再加上進修時念的研究所是華梵大學的哲學研究所，就想有什麼樣的哲學題目有助於這些疑惑的解答？在經過一番思索之後，發現莊子哲學是一個可以嘗試的題目，於是乃把碩士論文的題目訂為「從莊子哲學的觀點論自然葬」，

在撰寫過程中，作者發現政府在提出綠色殯葬的政策時並沒有對綠色殯葬加以定義。因此，在一般民眾的印象中只知道這樣的政策和環保有

關，但內容為何並不清楚。如果沒有進一步的說明，那麼一般民眾是不可能有清楚的概念。在概念不清楚的情況下，要一般民眾接受往往會有一定程度的困難。更何況，對一般民眾而言，殯葬是處理生死的大事。如果處理得不好，那麼後果要由誰來負責？所以，在認識不清楚的情況下，要一般民眾接受確有其難度的。

為了清楚認識綠色殯葬的意義，作者試圖從有為與無為的角度加以釐清。經過這樣的過程，我們清楚一般所謂的自然就是一種無為的狀態，而有為則是不自然的狀態。例如過去的土葬和火化進塔就是一種不自然的狀態。因為，這些做法會破壞環境的生態。相反地，綠色殯葬的做法則是不立碑、不立標誌，讓骨灰重新回到自然之中。

不過，只有釐清綠色殯葬的意義仍猶不足，尚需要深入文化本身。因為，殯葬的處理不是獨立於文化之外。如果這樣的處理方式不是文化本身可以包含的，那麼這樣的處理方式即會受到文化的排擠，無法為一般民眾所接受。所以，為了清楚這種新的殯葬作為是否可以從文化中找到銜接點，作者就試著從莊子的哲學中尋找這種可能性。

對臺灣而言，過去的殯葬處理是以土葬和火化進塔為主。其中，土葬背後的哲學思想是儒家的思想。在這種思想中，孝道的實踐和入土為安是很重要的殯葬作為。後來，土葬的作為雖然受到火化進塔的取代，但是背後的思想並沒有因此而有所改變，仍然是以儒家思想為主。因此，如果以儒家思想來思考綠色殯葬的作為，那麼這樣的作為是沒有辦法被接受的。因為，一個是以凸顯什麼為主的殯葬處理方式，一個是以取消凸顯什麼為主的殯葬處理方式。由此可知，在取向不同的情況下，要直接從儒家思想著手是有困難的，只能從文化的其他可能性著手，也就是道家思想中的莊子思想。

在莊子思想中，作者找到這種銜接的可能性。例如莊子對於自然葬的強調，認為儒家的殯葬作為是一種厚此薄彼的作為，對於萬物是不公平的。如果要公平，在處理上就不能獨厚地下的螻蟻，也應照顧一下天上的鳶鳥。所以，最公平的殯葬處理應該是自然葬的處理方式。就是這種公平對待萬物、讓死後處理回歸自然，使得莊子的自然葬做法可以銜接上綠色殯葬的要求。換句話說，回歸自然和取消人為是兩者的共通點。

經過上述努力解惑的過程，作者認為綠色殯葬要進入臺灣是有可能的，也可以成為未來殯葬處理的新主流。理由很簡單，因為它不只是符合環保時代價值的新做法，還是符合文化傳統的新作為。至此，有關綠色殯葬的研究暫告一個段落。後來，到了民國 104 年 12 月，作者又在「第一屆生命關懷國際學術研討會」發表了〈對臺灣綠色殯葬之省思〉的論文。

那麼，為什麼在經過這麼長的時間之後作者又會想要探討綠色殯葬的問題？這是因為作者對於這個問題又有了更深入的瞭解，認為這些瞭解需要透過新的論文加以表達。因此，在睽違這些時間之後才又發表有關綠色殯葬的論文。在這篇論文當中，作者又有什麼樣的新發現？首先，作者澄清一個態度，就是過去的土葬做法或火化進塔做法其實都沒有什麼違反環保或不環保的問題。理由很清楚，就是過去的年代根本就沒有環保的問題。因此，在殯葬處理上就不會考慮環保不環保的問題。如果我們不清楚這一點，那麼就會錯誤地批評過去的殯葬處理是不環保的。就這一點而言，這樣的批評對過去的殯葬處理是不公平的。

其次，有關綠色殯葬意義的問題，過去作者認為只要澄清人為與自然的對立就夠了。後來，發現這樣的澄清是不夠的。因為，只有人為與自然對立的澄清並沒有辦法讓一般民眾清楚瞭解綠色殯葬的內涵。如果希望一般民眾能夠對綠色殯葬的意義有更清楚的認識，就必須更深入地剖析綠色殯葬的意義。經過作者的探討，綠色殯葬的意義主要有三個內涵：第一、人死後的殯葬處理最好以少用土地為宜；第二、這樣的處理以回歸自然為主；第三、這樣的處理不僅不會破壞自然還可以融入自然。

根據這樣的理解，作者進一步檢討綠色殯葬的具體作為，發現其中的問題並提出相關解決問題的建議。經過深入的檢討，作者發現海葬是最能合乎少用土地要求的殯葬作為。可是，這樣的符合並沒有辦法讓海葬成為一般民眾最能接受的殯葬作為。相反地，它反而是最不能為一般民眾所接受的殯葬作為。相對地，樹葬和花葬被接受的程度就不一樣。雖然這樣的殯葬作為需要用到少量的土地，但是一般民眾卻持較高的接受程度。之所以如此，是因為這樣的殯葬作為比較能夠滿足入土為安觀念的要求。由此可知，要讓新引進的殯葬作為獲得一般民眾的接納，能不能滿足傳統觀念的要求是一個很重要的因素。

不僅如此，作者也深入殯的部分，發現政府在殯的部分也逐漸意識到綠色殯葬配合的需要。除了火化設備的改善，也進一步要求火化棺木要使用環保棺，陪葬的衣物也要使用環保的材質。至於祭祀時所要使用到的紙錢，也以減少數量作為宣導的重點。例如集中焚燒和以功代金就是其中兩個主要的做法。經由這些努力，有關殯葬的作為已經環保不少。

最後，總結上述的探討，作者認為有四個問題需要處理：第一、要釐清綠色殯葬和土地利用的關係，清楚瞭解綠色殯葬所節約下來的土地也不能違反環保的要求；第二、要瞭解回歸自然的自然意義，此處的自然不能是同質的物質自然，而只能是異質的自然，否則無法合理規範破壞的意義；第三、要正確瞭解自然與人為的關係，知道自然和人為不一定是對立的，也可以是和諧的，關鍵在於有無合乎自然的規律；第四、要確認綠色殯葬是否合乎一般民眾對於殯葬的要求，如果回歸自然和入土為安可以透過大地古代意義的梳理重新擁有相同的意思，那麼這樣的作為就可以被一般民眾接納，否則就會有困擾。

到了民國 105 年的 3 月，在「第一屆生命關懷與殯葬學術研討會」作者又發表了一篇名為〈儒家土葬觀新解〉的論文。之所以會有這樣的發表，主要問題出在綠色殯葬對於傳統土葬和火化進塔作為的批評，彷彿這兩種殯葬作為都是違反環保的作為。可是，就算是這樣，一般民眾還是受到這種作為的影響，不見得直接轉向綠色殯葬。因此，在這樣的詭譎氣氛下，作者開始思考傳統思想對於土葬和火化進塔的影響問題。如果可以瞭解傳統思想對於土葬和火化進塔的影響，那麼在推動綠色殯葬時就可以減輕不小的觀念阻力。所以，作者才會想要藉由〈儒家土葬觀新解〉的論文來解決這個問題。

經過作者的探討，發現一般民眾認定的孝道觀念，其實不是儒家堅持土葬觀的最大理由。實際上，影響儒家堅持土葬觀的最大理由是不忍人之心和全屍的觀念。其中，全屍觀念和入土為安的要求有更緊密的關聯。因此，在面對時代變遷的挑戰時，就應該把重心放在全屍觀念和入土為安要求的轉化上。如果可以轉化成功，綠色殯葬要被接納的程度就會大大地提高。否則沒有觀念轉化的配合，要順利推動綠色殯葬是很困難的。

然而，要如何才能找到轉化的關鍵？根據過去土葬轉向火化進塔的經驗，一般都認為是經濟因素使然。其實不然。如果沒有以淨化取代懲罰說法的出現，那麼一般民眾就不可能接受火化的做法。同樣地，如果沒有用撿骨時依序撿骨的做法取代全屍的要求，那麼一般民眾就不可能順利接受火化進塔的做法。所以，這些轉化的做法都可以作為推動綠色殯葬的參考。

首先，在全屍觀念的部分，作者認為不應把全屍理解得太過生理，彷彿只要生理不完整，那麼人就不完整，而要從象徵的角度來看，只要形式上完整，這樣的完整也就完整了。因此，在撿骨時依序撿骨就表示亡者已保存了他的全屍。同樣地，在綠色殯葬處理當時，拋灑葬只要依序拋灑骨灰，這樣的作為也就保障了亡者的完整。

其次，在入土為安的部分，作者認為不能太從物質的角度來瞭解自然，也就是所謂的天地。如果只是從物質的角度來瞭解，那麼這樣的自然就不可能成為家，也就不可能成為祭祀的場所，難怪在綠色殯葬處理後，一般民眾會悵然若有所失，找不到合適的祭祀切入點。如果我們不如此來瞭解自然，而轉從古代的意思來瞭解，這個自然或天地就成為可以安身立命的家。既然是個家，一般民眾在思念親人時他就可以隨時找到相會的處所。這時，自然就不會有找不到合適祭祀地點的問題。因為，天地所在之處也都是親人所在的地方。

照理來講，經過上述的探討，有關綠色殯葬的問題似乎可以告一段落。但是，在停止探討之前，作者發現還是要深入探討綠色殯葬的由來。如果對綠色殯葬的來龍去脈不清楚，也不可能對綠色殯葬做清楚的說明。所以，為了對綠色殯葬的來龍去脈有個清楚完整的認識，作者決定深入綠色殯葬的背後，看西方的綠色殯葬是怎麼形成的？因此，在民國 106 年 3 月出版《綠色殯葬》一書，希望藉著這本書的探討能對綠色殯葬的來龍去脈有個較為系統深入的瞭解。

為達成這個目的，本書不只深入環保潮流興起的背景，也深入綠色殯葬的意義與做法，甚至於深入綠色殯葬背後的科學主義思想依據，進一步反省這樣的思想依據是否足以安頓個人的生死？經由這樣的過程，作者在道家莊子的思想中找到能夠讓綠色殯葬本土化的傳統思想依據。一旦有了這樣的依據，一般民眾才有可能接受這樣的殯葬處理方式，也才會認同這樣的方式可以把它看成是足以安頓一般民眾生死的方法。

本來，《綠色殯葬》一書應該算是作者有關綠色殯葬問題探討的總結之作。不過，在完成《綠色殯葬》一書之後，作者突然間回想到一個問題，就是政府對於綠色殯葬的引進只是單純的引進，還是另有一番思慮？如果只是單純的引進，那麼這樣的引進是草率的。如果不是，那就表示政府的引進還是經過一番思慮的結果。為了瞭解當時的狀況，作者決定回到民國 91 年「殯葬管理條例」制定之前，看當時是否有學者對於這個問題表達過意見？經過查詢，發現是有學者出版專著討論綠色殯葬的問題。於是，在民國 106 年 6 月，作者於「2017 年殯葬改革與創新論壇暨學術研討會」又發表了〈省思綠色殯葬政策背後的依據〉的論文，探討此一政策背後依據的問題。

根據作者的瞭解，在一般的情況下，政府在提出一個新的政策時都會進行可行性評估的研究，認為經過這樣的研究之後再提出相關的政策問題就會少很多。可是，有關綠色殯葬的提出似乎缺乏這樣的一個程序，那是否表示政府對綠色殯葬政策的提出是一個草率的行為？其實不然。因為，政府雖然沒有進行可行性評估的研究，卻有學者研究的根據。只要確實按照學者研究的成果來提，一般而言，這樣政策的提出應該就不會有太大的問題。因此，如果要反省這個政策，那麼就必須從相關的學者研究成果著手。

那麼，當時學者相關的研究有沒有不足之處？對此，作者從依據充不充分的角度著手反省。一般而言，這個問題的反省角度有兩個：一個是經驗的角度；一個是邏輯的角度。就經驗的角度而言，政府推出這個政策不會無的放矢，而是有憑有據，是世界許多國家都在推動的政策。只是由於推動的時間都沒有那麼長久，所以到目前為止還無法判斷這樣的政策是成功還是失敗？唯一能夠判斷的，就是這樣的政策一定是一個趨勢，是世界正在流行的潮流與價值。

就邏輯的角度而言，這政策背後依據的理念就是大地有機自然觀。依據這樣的觀點，人和自然的關係不僅是一體的，還是平等的。由於人和自然的一體性及平等性，人就不可能在自然之外，也不可能在自然之上。這麼一來，人在考慮自己的作為時就不能不考慮自然的後果，在面對自然時就不得不尊重自然。從這兩點來看，這樣的觀點是合理的。

不過，雖然如此，作者發現大地有機自然觀仍有需要進一步澄清的地方，就是有機的意義。到底這樣的有機是哪一種有機？只是一種現象的有機還是本體的有機？如果是現象的有機，這種有機就很難是非物質的有機；如果不是這樣，那就必須是超越物質的有機，也就是某種靈性的存在。這麼一來，在這種生命性的理解下，這樣的有機觀點也是合理的。

雖然觀點是合理的，卻不代表它是完備的。如果要證實它的完備性，作者認為還需要深入有機觀的背後，也就是儒家和道家的思想。因為，這兩家思想決定不同的有機觀點。就作者反省的結果，發現適合的觀點不見得就像一般所想那樣是道家的觀點，相反地，反而是儒家的觀點。因為，道家的觀點強調的是無為，而儒家觀點強調的則是參贊。

同樣地，在做法上，作者認為也要考慮節葬與潔葬的環保性問題。雖然從表面來看，節葬與潔葬在環保上是沒有問題的；但這樣的沒有問題只是對自然而言沒有問題，並不代表對人本身也沒有問題。因為，除了對自然的尊重之外，也需要對人的尊重。既然如此，就必須尊重人對死亡的要求，也就是尊嚴的要求。如果要達到這一點，就必須在現有的節葬與潔葬之外加上意義的賦予。如果沒有意義的賦予，那人心自然就沒有辦法得到安頓，人自然也就沒有辦法成就他應得的死亡尊嚴。

二、其他與綠色殯葬有關的輔助研究

除了上述綠色殯葬的主要研究外，作者還對殯葬的相關議題也做了一些研究，表示上述的研究不是一時興起，而是長期累積的結果。在這個過程中，作者除了在民國 102 年 6 月發表過一篇〈先秦儒家喪葬思想對當代喪葬問題的省思〉的論文外，還於民國 104 年 9 月發表過另外一篇〈宗教的生命觀〉的論文。現在，簡述如下。

就第一篇而言，這篇是作者在華梵大學東方思想研究所攻讀博士學位時博士論文的第六章，發表於《宗教與民俗醫療學報》。在這篇論文中，作者先探討當代喪葬問題的由來，瞭解當代喪葬問題的亂象不是像過去認為那樣只是表面處理就夠了。例如法律的規範、制度的管理、禮儀形式的重塑。相反地，應該要深入觀念本身才對。如果沒有深入觀念層面，整個改革的效果就會事倍功半。

其次，由於喪葬問題的特殊性，作者認為要尋找答案不能在傳統禮俗的處理之外，而要在傳統禮俗的處理之中。因為，喪葬問題不是經驗問題，無法予以經驗處理，只能從過去的答案中尋找解決的契機。因此，經由傳統禮俗的反省，作者發現安頓死後生命和滿足孝心要求是兩個重點。不過，安頓死後生命更優先於孝心的滿足。畢竟孝心的實踐是以死後生命的安頓作為前提的。

第三，在這樣的認知下，當代喪葬問題的處理原則為何？過去，一般人都認為隨著時代而變是一個很重要的原則。不過，對儒家而言，只有隨著時代而變是不夠的。因為，順時而變只是權。在儒家的思維當中還有不變的，就是所謂的經。在此，這個經就是安頓的問題，而依時代而變則是權的問題。

第四，在這種思維的引導下，作者試著對當代喪葬的問題進行解答。根據作者的研究，政府配合時代提出的簡化做法是一種很適應時代要求的做法。可是，只有這樣的做法是不足的。因為，簡化只是一種因應時代要求所做的現象調整。如果沒有背後的理由，這種調整就變成一種形式性的調整，沒有辦法產生真正安頓死亡的效果。如果要安頓死亡，就必須依據背後的道德要求而為。因為，這樣的道德要求是人心真正的發用。

最後，作者試圖對這樣的道德安頓進行反省，發現這樣的安頓雖然可以安頓人心對於道德的要求。如果把這樣的安頓限制在現世的世界，這樣的安頓就顯得不足。因為，人不只有現世的要求，還有永恆的要求。但是，由於儒家對於來世的部分交代得不清楚，所以在喪葬的處理過程中才會讓佛道教的宗教作為有其存在的地位。

就第二篇而言，〈宗教的生命觀〉是發表在民國 104 年「第八屆海峽兩岸道文化藝術交流論壇」的論文。在這篇論文中，作者探討安頓生命的意義問題。一般而言，生命的有沒有價值不是由現世生命本身能夠決定。如果真要決定，就必須在現世生命之外尋找答案。因為，現世生命只能告訴一般人生活過得怎麼樣，卻無法下一個永恆的價值判斷。如果要下一個永恆的價值判斷，只有從現世生命之外的宗教永恆生命尋找答案。依此，本論文探討基督宗教的生命觀與佛教的生命觀。因為，前者是一世生命的代表；後者則是輪迴多世生命的代表。

就一世生命而言，基督宗教認為生命是來自於上帝的創造，是上帝啟示的結果。本來，人在伊甸園中過著幸福的生活。後來，在蛇的誘惑下人做了錯誤的自由抉擇，違反與上帝的誓約而出現死亡。為了讓人還有機會重回上帝的懷抱，上帝透過他的獨子基督為人類提供救贖的機會。只要人願意相信主耶穌，以基督為中保，那麼在信仰的堅持下，人自然就有機會回到天國擁有永恆的生命。所以，生命要得到安頓就必須堅定對上帝的信仰，至死不渝。

就輪迴多世的生命而言，佛教認為生命是來自於自身的無明，這是佛陀觀想的結果。在這種情況下，人造業越多就輪迴越久。輪迴越久生命就越處於痛苦煩惱之中。如果人不希望這樣，不僅要停止造業，更重要的是，要觀空、放下一切執著。如此一來，人才有機會脫離人生苦海證入涅槃。所以，對佛教而言，人要不要脫離輪迴苦海，就要看自己能不能觀空證空。

從這兩種不同的宗教生命觀來看，作者發現這些都不在經驗與理性之內。所以，不能由客不客觀來決定答案。如果要決定答案，只能由個人選擇來決定。既然如此，在選擇時就必須根據個人狀態來決定。如果這個人毅力堅定，這個人無論是選擇基督宗教或佛教都會堅持到底。如果個人沒有那麼強的毅力，無法堅持到底，佛教的輪迴之說或許比較適合。因為，佛教的輪迴至少提供多世的機會。

三、其他一般性的殯葬研究

雖然以下兩篇論文和綠色殯葬沒有那麼直接的關聯，但是這些論文還是對作者研究實力的培養有許多的幫助。因此，在這本論文集中，作者還是把它們納入，成為其中的一部分。這兩篇論文，一篇是民國 101 年 3 月發表於《問天學術年刊》的〈試論佛教中陰身及其現代應用〉，一篇是 105 年 5 月發表於「2016 客家文化與課程創意思考研討會」的〈從臺馬經驗看客家喪葬禮俗的變遷〉。

就第一篇而言，作者先探討中陰身存在與否的問題。對佛教徒而言，中陰身的存在不是問題。可是，對非佛教徒而言，這樣的證明就有必要。佛教要如何證明？第一、要肯定業力的存在；第二、要肯定有造業就必定有還報；第三、這樣的還報不只是在生前，也包括死後，否則不合理；第四、這樣的業報不只是這一世，還包含無數世，關鍵在於解脫與否。

其次，作者探討中陰身的意義與性質。根據作者的研究，中陰身是一種過渡性的存在，主要指的是死後到投胎之前的中陰身存在。這樣的存在沒有物質的身體，因此具有各種幻化的神通。雖然如此，這種神通是有限的。例如佛的國度、母親的子宮，是他無法自由進入的。此外，這樣的存在是變動不羈的，無法自主固定。一般而言，他存在以七天為一期，最多四十九天就必須投胎轉世。

第三，作者探討中陰身的存在際遇問題。一般而言，中陰身每天的際遇都不同。不過，前面十四天是最重要。因為，這十四天是處於法性中陰的階段。從第十五天到第二十一天則屬於受生中陰的階段。無論如何，前面十四天決定亡者有沒有機會可以進入佛國，後七天最多只能進入三善道。

最後，作者探討中陰身解脫的問題。就作者的瞭解，中陰身要解脫，除了生前的修行和臨終的念頭外，死後的做七法事也很重要。因此，如何讓做七法事產生實質功能就很重要。受到時代變遷的影響，現代人做七都很簡省。問題是，簡省歸簡省，不能對亡者的去處產生負面的影響。所以，為了產生實質的作用，對亡者的去處有正面的助益，作者建議：第一、時間不宜縮短；第二、超渡的主導者不一定要法師，也可以是家屬，重點在於相應不相應。第三、誦經的內容以亡者能夠領受為要，至於誦什麼經，其實並沒有太大的限制；第四、法事要做多久，也沒有一定的限制，關鍵在於亡者是否已經受用。如果已經受用，那接下來的法事作為就沒有必要。

就第二篇而言，作者把探討的主要對象鎖定在臺灣和馬來西亞的客家族群。雖然這些客家族群移居的地點不同，一個在臺灣，一個在馬來西亞，但是受到原鄉相關性的影響，他們對文化都秉持較為保守的態度，認為傳統喪葬禮俗是不可以任意更動的。不過，在社會變遷下，這種較為保守的態度在年輕一代的衝擊下也逐漸出現鬆動，不再像過去那麼的傳統。

他們的變化為何？首先，就殮的階段而言，早期親自為長輩盡一分最後心力的作為，現在逐漸為禮儀人員所取代。之所以如此，不是受到死亡禁忌的影響，就是受到資本主義金錢觀的影響，認為花錢請人做就該由對方來做。他們不知道這樣做的結果，除了會影響自己的孝道實踐外，也會降低自己療傷止痛的機會。所以，為了能夠讓家屬盡孝，也能夠讓家屬有療傷止痛的機會，如何讓家屬參與，是很重要的事情。

其次，就殯的階段而言，受到社會型態改變的影響，過去的農業社會不再存在，取而代之的是工商資訊社會。這種型態的社會講究的是效率和尊重個人，因此在效率的要求下傳統禮俗不得不往簡化的方向走，在尊重個人的要求下喪葬自主權和性別平等權都較過去受到重視。其中，尊重的部分還要更進一步，簡化的部分需要考慮。因為，無論再怎麼簡化，都不能取消原有的感情。所以，在親情維繫的考量下，簡化的趨勢必須止於一個限度。

第三，就葬的階段而言，土葬不再是客家喪葬處理的主流，火化逐漸成為主要的處理方式。不過，在實際處理上，臺灣主要是火化塔葬，而馬來西亞則是火化土葬。在臺灣，甚至還進一步引進環保自然葬，如樹葬或海葬，作為未來的葬法新趨勢。

第四，就祭的階段而言，早期在葬後把長輩迎回家中祭祀的非常多，現在則逐漸減少。之所以如此，除因禁忌因素以及建築限制，也是社會型態改變的結果。如此一來，無形中家人的情感就會日趨淡薄。為了避免這樣的情形日益嚴重，我們有責任重新喚醒家人彼此之間的情感關係。

最後，就喪服的部分而言，早期家屬與親友的喪服都必須依照傳統的規定來穿，現在則逐漸以黑袍和白色運動服取代。之所以如此，一方面是受到家庭關係簡化的影響，家庭不再是大家庭而是小家庭，一方面是受到價值觀改變的影響，認為服喪只是形式，重點在於生前的孝順與否。如此，喪服過去的識別作用越來越不重要，喪服也就日趨簡化了。

目　錄

對臺灣綠色殯葬之省思

摘 要

本文的目的在於反省臺灣之綠色殯葬。之所以選擇這樣的問題，係因自從 2002 年殯葬管理條例通過後綠色殯葬即成為臺灣殯葬之主流。但是，殯葬作為之目的在於安頓個人之生死。如果對此問題缺乏整體之反省，那麼臺灣人的生死是否可以得到合適的安頓其實並不清楚。所以，為了確保臺灣人的生死可以得到安頓，本文決定以「對臺灣綠色殯葬之省思」作為探討的主題。

為了達成這個目的，本文從政府引進綠色殯葬的動機談起。其次，為了有充分的能力可以反省綠色殯葬之作為，本文接著探討綠色殯葬之意義與具體作為。在上述之理解下，本文最後反省綠色殯葬之存在合理性，發現綠色殯葬要合理解釋自身的存在，不僅要重新思考土地利用之意義，尚須進一步釐清自然之觀念、自然與人為之關係，甚至於包括回歸自然與入土為安衝突之解決。

關鍵詞：綠色殯葬、土地利用、自然、人為、入土為安

一、前言

自有人類以來，人們對於死後遺體的處理似乎各有其不同之做法，例如拋棄荒野之野葬、置放於腹內之食葬、懸於樹上之風葬、拋置水裡之水葬、讓禿鷹吃掉之天葬……等。此般不同葬法之產生，並非各個民族有其特別之選擇，乃是受到當地生存環境背景影響所致。若非受此先天條件之影響，各民族亦未必一定選擇前述之葬法處理死去親人的屍體。

然而，問題未必如此簡單。就表層而言，各民族之所以有不同選擇，係受不同生存環境背景影響所致。但實際上，除了因生存環境背景影響之外，通常當地人們皆會對此項選擇賦予一定之意義。例如對於天葬之選擇不僅受到當地生存環境因素之影響，同時也受到當地人對於天葬意義解釋之影響。就此些因素影響下，當地人們認為天葬之結果得以令當地人死後進入天界，無須再受人間風雪飢餓之苦[1]。

同樣地，深受儒家思想影響的臺灣人對於葬法之選擇亦復如是。之所以選擇土葬，固然受到當地生存環境因素之影響，另方面亦是實踐孝道之道德意識影響所然。對臺灣人而言，農業社會令其對土地產生了深厚之感情，亦讓其強化了安土重遷的傳統意識。除此之外，於道德不忍人之心深刻影響下，他們認為讓親人曝屍荒野乃是違反傳統孝道倫理之大事，故須設法保護親人遺體之安全[2]。因此，基於對土地感情與不忍人之心的雙重作用下，他們選擇了土葬的做法。

然而，當他們做此選擇之時，其概念中並無環保或不環保之問題。換言之，其殯葬選擇是否符合綠色殯葬之要求並不在其思考範圍內。之所以

1 黃有志、鄧文龍（2002），《環保自然葬概論》。高雄：黃有志自版，頁32-33。
2 鄭志明、尉遲淦（2008），《殯葬倫理與宗教》。新北市：國立空中大學，頁52。

如此，並非其不考慮綠色殯葬問題，而是根本即不存在著綠色殯葬之問題。值此之際，現代人積極地思考綠色殯葬課題並非因其較前人特別之故，而是現代確實出現了必須面對的問題，讓現代人無所逃避。就此點而言，要求傳統土葬須符合現代綠色殯葬之要求似乎有強人所難之虞。

話雖如此，但當傳統土葬依然存在於今日，自當面對綠色殯葬的要求。因為，今天的生存環境背景與過去迥然有別。過去，由於人口較為稀少，復以商業活動未臻發達，採取土葬作為並不會產生今天土地利用之壓力。然而，今非昔比，人口眾多，復以商業活動十分繁盛熱絡之境況下，人們對於土地利用之要求日甚一日。對現代人而言，土地之存在有其限度，然土地利用之需求卻是無限無止。當土地利用開始產生衝突之際，人們必當有所取捨。因此，一旦決定活人用地優先情況下，死人對於土地之利用即無可避免地讓位於活人。若則死人對於土地利用權堅持不讓位予對方，那麼活人即無法有效益地發展下去。就土地永續發展之要求，姑不論是死人與活人爭地，抑或是活人與死人爭地，對於土地利用之優勢，不可否認地必然掌握於活人之手中。

若然，此是否意味著死人勢必無地可使用了？既是無地可用，豈非應驗了死無葬身之地之窘狀？對臺灣人而言，此種處理方式恐無法被接受。於此，如何讓地給活人使用的同時必須提出相應之解決做法。對政府而言，火化塔葬的做法即是其最佳解決之方。按照政府之想法，採取土葬其用地單位面積遠大於火化塔葬之用地面積，只要推動用地較小之火化塔葬作為，對於土葬所需要龐大面積之要求即可解決。因此，在此種思考邏輯下，火化塔葬於是取代了土葬之做法。

問題是，要社會大眾完全接受此種新做法似乎並非易事。因為，對於埋葬做法之改變尚涉及意義的問題。如果需要社會大眾能順利接受此種新的做法，必然須提供合理之說法讓其欣然接受。於是，在滿足孝道之要求下，原先傳統視火化為懲罰之法被巧妙地轉化成淨化之說、火化之死無全屍被巧妙地轉化成撿骨依序撿拾仍屬維持全屍的圓滿之詞、與大地沒有接觸的懸空塔葬亦巧妙地轉化成與地板接觸的入土為安之說。於是乎，土葬之意義要求豁然成功地被轉化成火化塔葬之意義要求。

就表層言之，似乎有關埋葬的問題已然徹底地解決。事實上，問題並不如預期發展。之所以如此，是因為火化塔葬仍然需要以土地為基，甚且仿效土葬的用法，對於環境仍然存在著負面之影響。因此，為了能徹底解決土地利用的問題，政府決定引進綠色殯葬的做法[3]。然而，此種做法的引進是否真足以徹底地解決問題？嚴格說來，並未能取得任何的保證。由之，火化塔葬的作為經十餘年之推動，自當面臨反省與檢討此一引進的必要時機，重新檢視此項作為的引進是否真足以徹底解決土地利用的問題？

二、綠色殯葬之意義

不過，在正式反省與檢討火化塔葬作為的問題之前，綠色殯葬意義的問題必須先行釐清。何以必須先行釐清綠色殯葬意義之問題呢？主要是因為綠色殯葬之意義看似清楚，實際上卻未必清楚所致。就一般人而言，當其做此選擇之時，彷若已對綠色殯葬一清二楚，因此而有了選擇綠色殯葬之作為。然而，只要有人進一步提問他們之所以選擇綠色殯葬的真正原因為何之時，此時，吾人即會發現一個極為有趣之現象，亦即是他們要不是不知道自己所選擇的綠色殯葬意思為何，就是對於綠色殯葬的真正意義並不瞭解。之所以如此，係因為吾人對任何事務雖會選擇但不等於就瞭解其所選擇之真意。於此而觀之，本文實有必要進一步釐清綠色殯葬之意義。唯有真正瞭解綠色殯葬之意義，方能具有客觀的檢視能力，並足以判斷綠

[3] 郭慧娟（2009），〈臺灣自然葬現況研究——以禮儀及設施為主要課題〉。嘉義縣：南華大學生死學研究所碩士論文，頁2。

色殯葬的引進是否可以徹底解決土地利用的問題。否則，在綠色殯葬意義並不清楚之情況下，縱使吾人意圖判斷此項作為的引進是否真能徹底解決土地利用之問題，亦屬徒勞無功，難以為之。

既是如此，究竟綠色殯葬之意義何在？就此問題，吾人除可從語詞之表面意思來探究外，亦可從實際使用之角度深入之。於此，吾人嘗試先從語詞之表面意思入手。就語詞之組成而言，綠色殯葬係由綠色與殯葬雙語詞所組成。其中，綠色所指並非僅單是一種顏色而已，更是一種象徵。如果綠色所指只是一種顏色，則此綠色即別無任何特別之意義。同理，綠色若非不僅是一種顏色，且更是一種象徵呈顯，則此綠色即有其特別之意義。進一步探究之，何為此特別意義？簡言之，即是與生態相關之意義。由於生態主要與綠色植物攸關，因此而有以綠色來象徵生態之寓意。在此象徵意義涵下，綠色適足以代表其與生態之相應[4]。

同樣地，殯葬亦是一種作為。就此作為而言，其與一般之作為有所不同。其所處理的並非一般日常生活的普遍作為，而是與死亡有關的作為。由於與死亡攸關，過去吾人皆視之為禁忌之課題。然而，禁忌歸禁忌，在孝道之要求下，吾人自當視此為必要且無所遁逃之作為。在此種情境下，吾人往往別無選擇地依據傳統禮俗來處理死亡的課題。於是乎，以傳統禮俗處理死亡之方式於焉成為今日臺灣殯葬處理的主要內容。不過，除了以傳統禮俗之處理方式外，另有其他之處理方式，如宗教、無信仰……等其他之處理方式。由此觀之，殯葬乃是一種以不同方式處理死亡之作為。

就前項分別就綠色與殯葬雙語詞意義的敘述之後，吾人得以清楚地將此雙語詞之意義加以統整並引申其義。就綠色象徵之意義而言，綠色所指涉者為對生態之配合。就殯葬之意義而言，殯葬乃意指以不同方式處理死亡的作為。綜合此兩者之意，綠色殯葬不僅須配合生態之要求，更須採取

---

[4] 維基百科，自由的百科全書／綠色的象徵意義：綠色是植物的顏色，在中國文化中還有生命的含義，可代表自然、生態、環保等，如綠色食品。

不同之方式處理死亡。由此，具體而言，綠色殯葬之義乃指「根據生態要求而採用不同方式處理死亡之作為」。

在瞭解綠色殯葬的形式意義之後，本文進一步探討其實質意義。那麼，綠色殯葬的實質意義是什麼？在此，吾人得以從綠色殯葬之實際使用面觀之。首先，自政府引進綠色殯葬之作為入手。就政府之引進而言，其引進之目的在於解決土地利用的問題。因為，火化塔葬雖暫時解決了土葬所產生之土地利用問題，然而火化塔葬本身無可避免地又產生了類似土葬的土地利用問題。因此，為了徹底解決火化塔葬的土地利用問題，政府遂引進綠色殯葬之做法。持平而論，綠色殯葬是否真能解決土地利用之問題？從政府而言，此答案毋庸置疑。理由甚簡，即是綠色殯葬若非未用到土地抑是只用到面積極少之土地。在此種幾乎用不到土地之情況下，綠色殯葬自當適足以解決死人與活人爭地之問題。就此點而言，綠色殯葬其首要意義即是人死之後盡可能地莫要再使用到土地。只要不再使用到土地，自當無所謂存在著與活人爭地的境況，如此亦不至於會為活人帶來困擾[5]。

其次，從上述說法所衍生之進一步問題觀之。如果考慮盡可能地不使用到土地，那麼亡者的埋葬問題又當如何解決？對政府而言，最佳解決方式即是簡單地採取回歸自然作為。那麼，究竟何種作為方符合回歸自然？第一步即是火化。因為，若非經火化即直接回歸自然，此做法等同土葬。可是，土葬已被認定不屬於環保之列。因此，政府斷不能採取土葬之做法。在此情況下，將亡者的遺體先行火化乃必然之作為。第二步則是實施拋灑葬。在火化之後，若依然採取骨灰埋葬之作為，則此型態又接近於火化塔葬之作為，讓亡者之骨灰無可避免地又再度利用到土地資源。對政府而言，此項作為完全違反了環保之精神。因此，基於環保之考量，亡者之骨灰僅能拋灑於自然。如此一來，亡者之骨灰得以在符合環保之要求下得到

---

[5] 尉遲淦（2014），〈殯葬服務與綠色殯葬〉，發表於《103 年度全國殯葬專業職能提升研習會論文集》。苗栗：仁德醫護管理專科學校，頁 3-4。

安葬，卻又盡可能地不使用到土地。就此點而言，綠色殯葬之第二個意義即是對於自然的回歸。

最終，從環保本身之要求觀之。徒有回歸自然尚屬不足，務須對自然不至於造成進一步之破壞。為了達成此目的，過去之土葬作為即無法再行採用。雖然土葬最終仍是回歸自然大地，但其回歸過程中卻無法避免其對自然所造成之破壞。因此，若需達到不破壞地回歸自然，綠色殯葬顯然自當採取融入自然之做法方能奏效。例如於回歸之過程中不僅不使用不符環保之容器，亦不使用人為之設施與標誌……等等。在皆未使用不符環保之容器、設施與標誌情況下，對於自然之回歸自當不致產生破壞之結果，亦當自然地融入了自然之中。從此點觀之，綠色殯葬其第三個意義即是不得對自然產生破壞之結果且可自然地融入自然之中。

總結上述有關綠色殯葬意義之討論，本文發現綠色殯葬並非僅是一種與過去完全不同之殯葬處理方式，而是另種特別著重環保要求之殯葬處理方式。根據此項處理形式，其極為強調對於自然之回歸。只是在回歸的過程中它不希望對於自然造成任何破壞的後果，因此它採取自然融入的方式，希望藉著這種融入能夠盡可能地不要使用到任何的土地，讓此項回歸成為不留痕跡地完全回歸[6]。

三、綠色殯葬之實際作為

在清楚綠色殯葬的意義之後，自當直接反省綠色殯葬之作為是否真正足以徹底解決土地利用的問題？然而，如果吾人並不完全清楚綠色殯葬之實際作為，貿然進行之反省徒然僅屬於一種抽象之反省而已，並無法具體察覺綠色殯葬是否真足以徹底解決土地利用之問題。因此，為了具體看出

---

[6] 同註3，頁7。

綠色殯葬是否真正得以徹底解決土地利用之問題，本文進一步瞭解綠色殯葬之具體作為實有其必要。

那麼，綠色殯葬究竟有何具體作為呢？首先，從政府引進綠色殯葬之動機來探究。政府之所以引進綠色殯葬，其目的在於解決土地利用之問題。既是如此，究竟綠色殯葬係如何解決土地利用之問題？誠如上述所言，其處理方式即是盡可能地不用到土地資源。然則，豈有此狀況存在之可能？除非不埋葬於土地之上。否則，只要埋葬在土地上就一定會用到土地。對政府而言，此問題昭然若揭別無所避。於是乎，政府重新轉換選擇之標的，將埋葬處所由土地轉至海洋。似乎是只要採取埋葬於海洋裡，即不再產生死人與活人爭地之問題發生。

可是，將埋葬處所由土地轉至海洋是否又會產生海洋污染之問題呢？若然，則此種做法即不符合環保之要求，因其等同破壞了海洋之自然環境。若非，則此種做法自然符合環保之要求。對其而言，海葬並不至於污染海洋。因為，海葬之做法不像土葬，其除了須占有一定之空間外，尚對自然環境產生一定程度之破壞作用。顯然，海葬並無此問題。實際上，當骨灰灑向大海之時，其將是隨著海流四處漂散，也無占據一定空間之問題。同樣地，由於骨灰之量畢竟較少，一旦拋灑大海之時亦不致為海洋帶來污染之困境。由此觀之，海葬當是一種得以徹底解決土地利用問題的綠色殯葬作為之一[7]。

就表象而言，政府一旦採取海葬之作為，所有土地利用之問題似乎即可迎刃而解。但遺憾的是，事與願違。因為早在「殯葬管理條例」制定之前，高雄市即已率先實施海葬多年。其實施結果並不若預期。迨自 2002

---

[7] 臺灣殯葬資訊網／環保自然葬／海葬：海葬是源於古時船舶遠航時，因無冷藏設備，倘船上有人亡故，即以白布裹屍，直接投入海中埋葬。惟今人則是基於環保及回歸自然的觀念，而把火化後之骨灰，拋灑於海中，是為海葬。臺灣四周環海，海洋廣闊無垠，孕育著無窮的生命，展現著大自然的生命力。因此許多人會選擇海葬，作為自己最終的歸宿，象徵自己生命的永恆。

年「殯葬管理條例」[8]制定之後，臺北市亦跟進推動。其後，在內政部之鼓勵下，北臺灣形成了「北北桃聯合海葬」之積極具體作為。雖然如此，經過十餘年之努力，臺灣採取海葬之總人數亦不過千餘位而已，並未達預期之成效。就此點而言，海葬作為綠色殯葬之一環可謂是叫好不叫座，令人扼腕。

當然，對此項作為推動未若預期之結果，政府亦思慮再三，另有權宜作為因應。故此，於推動綠色殯葬政策之時，政府並未局限於單一思考而採取多元做法。例如樹葬與花葬之推動即是另外一種考慮。政府之所以如此考量，係因政府洞澈民眾對於一種與傳統不同之新式葬法無法立即認同接受。若期待民眾之接受度有所改變，恐非一段時間之調整所能期成。因此，基於民眾接受度與需時間調整之考慮因素下，政府寧可提供更多元之選項，其成功之機率或當優於單一之選擇。於是乎，樹葬與花葬即成為另外一種多元之綠色殯葬選項[9]。

雖說樹葬和花葬係綠色殯葬另外多元選項之一，然此並未意謂此兩種選項所達成之土地利用效果一致不二。實際上，樹葬、花葬與海葬著實不同。就海葬而言，其對於土地資源的利用最為細微甚且歸零。相較之下，其於土地資源利用上最具火化塔葬問題之解決優勢。就樹葬與花葬而言，其雖亦有節約土地之能，但或多或少仍須使用些微之土地。因此，不若海葬般對於土地資源之利用如此徹底。

話雖如此，終究樹葬與花葬和火化塔葬或土葬相較之下仍有極大不同之處。其中，最大之差異在其並無任何之設施。相對於火化塔葬或土葬而言，設施為其重要之標誌。如果無任何設施之形象或標的，則吾人無以辨

---

8 「殯葬管理條例」，全國法規資料庫，http://law.moj.gov.tw/LawClass/LawAll.aspx?PCode=D0020040。

9 內政部全國殯葬資訊網／「環保自然葬」專區／樹葬、花葬的流程，是指遺體火化後，把骨灰研磨再處理，裝入無毒易分解環保容器，由家屬代表將骨灰置入環保葬區內預先掘好的洞，之後以土壤埋藏覆蓋，再由工作人員完成植被澆水等步驟，家屬靜默追思，不焚香、不燃燒紙錢，數月後骨灰自然融於大地。

識其為納骨塔或墓園或是其他。倘若吾人不期望民眾無以知之，則此納骨塔或墓園設施必具其形象於該處。然而，樹葬與花葬卻迥然不一。對樹葬與花葬而言，其埋葬方式並不需具備設施之形象或標的。若無任何訊息之告知或指引，吾人實無從辨識此處或何處即是樹葬與花葬區。由此可見，對樹葬與花葬區而言，設施之有無實為攸關其成功與否之關鍵。因為，不具設施之形象或標的即不致出現人為之破壞，亦即不致影響其回歸自然之純淨性。

不僅如此，除了設施之不存在以外，樹葬與花葬區亦不存在任何人為之標誌。因為，過去之納骨塔或墓園皆都存在著人為的標誌，並藉此標誌之作用完成外界對其識別之目地。可是，樹葬和花葬區並非如是，它完全不具任何識別之標誌。在無任何之識別標誌下，民眾無所產生識別之心理。一旦識別心理消失之後，樹葬與花葬區即不致與自然環境有所區隔。在無任何區隔之作用下，其於自然之回歸即無以出現隔閡現象之可能，亦得以真正融入自然之環境，成為大自然之一部分。因此，此種對人為標誌之取消當是融入自然之最佳方式。

既是如此，樹葬與花葬之實施成效必然遠優於海葬之方式。因為，對一般民眾而言，樹葬與花葬雖皆與傳統之葬法有所不同，但其操作之方式係將亡者之骨灰植存於土中，此與土葬所要求之入土為安意義相近。因此，就民眾之接受度而言較海葬為高。相反地，海葬之做法並非是入土為安而是散落於海中各處，往往輕易地被操作為死無葬身之地的樣貌，故不易為民眾所接受。關於此論點，在實務推動的經驗上亦得到了印證。從推動之時間軸線來審視，樹葬與花葬實施之時間較海葬約晚兩年之久。但其實施之成效卻較海葬高逾十倍之數。由此觀之，一種新式葬法成功推動之因素不僅需握有時代之理由，更需具備與傳統意義要求結合之條件。若不具此雙方面條件兼備之優勢，毋庸置疑在推動上必然事倍功半。

雖然從現行政府推動之政策作為觀之，似乎其於推動綠色殯葬[10]所考慮之問題只偏重於葬的部分。實際上，隨著綠色殯葬推動腳步殯的問題亦逐漸受到關注。之所以如此，係因不只葬之部分存在著環保的問題，連殯的部分亦有其環保的問題需面對。若僅僅是單純地把綠色殯葬局限於葬的部分，則此項作為之推動無法徹底落實，亦容易令人誤解綠色殯葬之引進，純然為了解決土地利用之問題而已。因此，為盡全功於整個推動之層面，殯的問題亦開始考慮綠色殯葬之要求。

其次，就殯所面對的問題而論之。究竟政府係如何推動殯的部分於綠色殯葬之要求？起初，政府將政策重點置於火化場空污改善上。之所以將推動重點置於此處，係因國內現有火化場幾乎日日皆須焚化遺體。於焚化遺體之過程中，除了容易產生空氣污染之問題外，亦不時出現焚化不完全所產生之懸浮顆粒問題，令火化場鄰近民眾心生恐懼，滋生不滿，甚且衍化成社會抗爭事件。因此，政府乃積極將火化場之空氣污染問題列為最早之改善重點。其中，最明顯之例莫過於臺北市。因為臺北市非但是首善之區，亦是全國都市發展最快速之地，導致原先地處偏遠之火化場隨之迅速地發展成人口密布之市區一部分。於此種改變之過程中，火化場附近之住民日益增多，抗議聲浪亦越來越大，最終別無他法，僅能朝設法改善火化場之空氣污染問題而努力。

不過，此項改善之功亦無法一步到位立竿見影。其中，最主要之理由在於政府對於火化場空氣污染問題之瞭解並非完整。起初，研判空氣污染問題之源在於火化設備之上。因此，採取於火化場增設處理環保問題之排污設備。其後，再度發現不單是設備之問題，另有民眾之使用問題須改善。因為，民眾於使用火化場設備之時不免會使用到不符環保要求之棺木以及陪葬品。因此，即使政府投入龐大經費不斷改善火化設備以及增加環保處理設備，亦無法徹底解決空氣污染之問題。如果真要徹底解決火化場的空

---

[10] 郭慧娟（2013），「臺灣殯葬環保問題面面觀」，臺灣殯葬資訊網。

氣污染問題，除設備條件之提升外，進一步限定使用者使用符合環保要求之產品作為亦須同步到位。關於此點，目前已見國內諸多縣市政府業管部門於使用火化場設備之時有所規定[11]。

除了上述政府之努力外，民間業者亦能同體大局逐步配合。在配合之過程中，設施業者自發性地提升了環保意識，不僅於規劃設計積極地考量環保之要求，在設備之使用上亦能考慮須符合環保的產品，如建築之使用綠色建材、用電之使用太陽能發電、水資源之使用回收系統等等。此外，禮儀服務業者除了進口環保材質之棺木與骨灰罐外，亦設法自行開發具環保材質之相關產品，如具自行分解條件之環保骨灰罐、使用資源回收所生產之再生紙紙錢、神主牌位……等等。

最後，進一步探討祭之問題。過去，每年清明節最令政府頭痛之問題除了交通外當屬大量紙錢之焚燒[12]。尤以後者更是問題中的問題。因為，紙錢之焚燒不僅存在著火災之危險，亦有嚴重之空氣污染問題。因此，為了解決此項問題，近十餘年來政府除了廣泛宣導減少焚燒紙錢之數量外，更進一步提供不同之解決做法，如以功代金、集中焚燒之做法。透過此些不同之做法，期以達到一方面減少焚燒紙錢之數量，另方面降低空氣污染程度之目的。整體而言，有關紙錢之焚燒迄今猶然是一個普遍存在之問題，但確實已然有所改善。

---

[11] 維基百科，自由的百科全書／臺灣空氣污染指標（Pollutant Standards Index, PSI）：創立於 1993 年，是空氣污染情況的一項指標，由中華民國行政院環境保護署於 1993 年擴充測站後推出，目標乃藉由本測站系統監控全臺灣所有的空氣品質並加以通報改善。指數根據五種空氣污染物（二氧化氮、二氧化硫、臭氧、一氧化碳、懸浮微粒）的濃度，轉化為一個由 0 至 500 的單一數字，並按照指數高低而劃分為良好、普通、不良、非常不良和有害五種級別。

[12] 維基百科，自由的百科全書／紙錢又稱冥紙、冥鏹、金紙、銀紙、紙楮等，琉球語稱為打紙（打チ紙、ウチカビ）或紙錢（紙錢、カビジン），是東亞傳統祭祀鬼神、祖先時火化的祭祀品之一。

四、問題之省思與解決

在瞭解綠色殯葬之意義與具體作為之後，吾人得以客觀深刻地反省與檢討綠色殯葬之做法，重新檢視此項做法是否得以能真正徹底解決土地利用所存在之問題？於此，第一個反省之課題為綠色殯葬之出現是否即為解決土地利用之問題？從表面來看，答案似乎是肯定的。因為，綠色殯葬確實可以有效地減少死人利用土地之問題，此亦即是政府引進綠色殯葬之主要目的。如此一來，活人即無須擔憂死人與活人爭地之問題。然而，若吾人再進一步深入思考，即能發現此兩者之相似究其實亦僅是表面地相似而已。實際上，此兩者之本質依然存在著莫大之差異性。其中，最大之差別在於政府所在意之土地利用係以活人之需求為發展考量，而綠色殯葬則是為了維護與避免破壞自然之環境。因此，嚴格而言，此兩者之目的著實不一。

話雖如此，此兩者是否存有會通之可能？表面看來，此兩者似乎毫無會通之可能。因為，政府係為了活人發展之目的而引進綠色殯葬，引進之後所節省下來之土地全然作為發展都市之用。一般而言，此種發展通常對於自然環境必然帶來破壞之後果。所以，此種引進之目的事實上違反了綠色殯葬之要求。相反地，綠色殯葬之所以節省土地，其目的非於都市發展之需要，而在於避免自然環境之遭受破壞。正如同在科技帶給人類福祉之同時，必然帶來負面之影響[13]。因此，只要吾人於都市發展過程中掌握自然環境不被破壞之條件，那麼此兩者彼此之間必然存在著會通之契機。

其次，第二個要反省之課題為綠色殯葬所謂之自然究竟屬於何種樣貌之自然？對於此問題，一般都無法給予清楚明白之答案。即使勉強給予了

---

[13] 劉見成（2011），《宗教與生死》。臺北：秀威資訊科技，頁283。

算是答案之答案，亦不過是給一個像自然環境此一類現象描述之答案罷了。然而，徒然給予似是而非敷衍應充之答案著實不夠且不智。因為，對於自然之不同理解其將影響綠色殯葬存在之合理性。所以，若所提出的僅有類似現象式之描述，將導致吾人難以判斷綠色殯葬之存在是否合理之窘，亦無法做出綠色殯葬是否相較於以往殯葬處理來得更合理之判準。

既是如此，此處之自然當如何理解方屬允當？就目前之時代背景而言，一般人往往把自然認知為物質之自然。之所以如此，係因其所瞭解之自然是在科學教育建構下所形塑之自然。根據這樣的瞭解，自然被理解成由同性質之物質所構成。基本上，同質性物質彼此之間並無不同。既然無所差異，豈非無論如何改變，其改變必然不致產生問題。然而，就綠色殯葬而言，自然有其本身之規律不得任意予以改變。如果吾人不能配合此項規律，則其改變必然違反了自然，必須進一步予以禁止。否則，此項改變之結果將破壞自然。因此，就此點觀之，如果吾人將此自然視之為物質之自然，顯然無法支持綠色殯葬存在之合理性。

既然自然不能被理解成物質之自然，那麼自然應該被瞭解成什麼方恰當？從前述之探討可知，如果自然係指同質[14]之自然，此項自然即無法支持綠色殯葬其存在之合理性。既是如此，吾人自當不得再從同質之角度來理解自然。可是，捨此同質之角度來理解自然，是否另有合宜之其他角度得以理解自然？就本文之瞭解，仍有異質之角度得以瞭解自然。換言之，吾人毋須局限於自然皆屬同性質之認知，並把自然視之為不同性質之自然。既是不同之性質，則其於改變時即必須按照不同之性質來思考，毋須再以相同之性質改變之。如此一來，吾人方能解釋何以人類任意介入自然將對自然帶來破壞的結果，亦得以合理解釋綠色殯葬其存在之義。

繼而，嘗試進行第三個自然與人為關係反省之課題。根據上述對於綠色殯葬具體作為之論述，似乎只要是人為之介入必然對自然產生破壞之後

[14] 維基百科，自由的百科全書／同質，相同性質，成分相同。

果。但是，果真如此，那麼政府即使引進綠色殯葬亦當無法解決土地利用之問題。因為，綠色殯葬之所以盡可能不使用到土地，其最主要之考慮點在於避免對自然產生破壞之後果。但是，政府之所以要節約土地，並非為了避免破壞自然，而是為了活人之發展所致。既是為了活人之發展，其於土地利用所採取之做法無所避免將對自然產生破壞之結果。因此，如果一旦把自然與人為之關係視之為對立關係，則於此種認知下政府所引進綠色殯葬之結果必將適得其反。

倘若吾人並不期待出現相反之結果，自當對於自然與人為之關係不得採取此種對立之理解方式。那麼，吾人又當如何調整方為恰當？就吾人之理解，此種調整必須往對立之相反面思考方能奏效。因為，有關自然與人為之關係一般僅有此兩種理解，非對立即是和諧。因此，如果從對立角度之理解無法突破困境，則別無他法，亦僅能從和諧面之理解嘗試解決其問題。若此，和諧之理解又當如何解決問題？其中，最為關鍵之處當在於人為是否能夠相應地進入自然之規律當中。如果可以，則問題將迎刃而解。如果為非，則代表此種進入方式仍有其問題而不可解。由此可見，吾人如何理解自然與人為之關係殊為關鍵。

最後，第四個需反省之課題為上述所謂之綠色殯葬是否真足以滿足吾人對於殯葬之要求？根據上述政府引進綠色殯葬之動機觀之，其目的在於解決土地利用之問題。事實上，除了土地利用之問題外，尚有殯葬本身之目的需同時解決。因為，如果僅是解決了土地利用之問題而未同步處理殯葬之問題，則此項引進終將功敗垂成。進言之，同時處理土地利用與解決殯葬之問題方有成功之可能。既然需同時解決殯葬之問題，則須深入民眾之文化背景。對臺灣民眾而言，殯葬除了需實踐生者孝道之外，更需透過入土為安以安頓亡者。因此，綠色殯葬之回歸自然是否得以與入土為安之意義相融合，著實左右著綠色殯葬推動之成敗。

那麼，回歸自然與入土為安兩者是否存在衝突呢？就目前之做法而言，樹葬與花葬較無此問題。因為，樹葬與花葬基本上皆是採取埋葬之做法。然而，海葬未必如是。就海葬而言，其並未採取埋葬而是以拋灑方式將骨灰投入大海。雖然海葬目前採取將骨灰裝入骨灰罐再拋入大海之做法，但此種拋入方式畢竟與埋葬土中有所不同，並未能激起民眾產生真正入土為安之聯想[15]。因此，除非吾人得以創造將此兩種意義相連結之價值意義，否則海葬仍難以成功地被接納。

為了提升海葬方式成功地被接納，吾人亟需建構此兩種不同意義之連結條件。就本文之瞭解，要連結此兩種不同概念則必須擴大入土為安之意義。換言之，務必將入土為安當中的土從原先之土地意義擴大為自然意義。只要吾人開創出把土地意義擴大為自然意義之條件，則進入大海即等同進入自然，而進入自然亦即進入土地。如此一來，回歸自然即是入土為安。話雖如此，但需如何作為方能成功連結此兩者？就吾人之瞭解，古代意義之應用當為最佳入手之道[16]。對古代人而言，入土為安之土並非指眼下所見之土地，而是泛指整個大地。既然其所指涉者為整個大地，則與今天所謂之自然意義無二。在此理解下，綠色殯葬即能順理成章地與傳統之殯葬意義相銜接，亦即水到渠成達成殯葬所要履踐之安頓目的。

---

15 臺灣殯葬資訊網／殯葬論壇／海葬的祭祀與追思／編輯部：……以北北桃聯合海葬來說，流程十分簡單隆重。其流程為：(1)岸邊告別式：含主辦單位致詞、緬懷亡者紀念儀式。(2)啟航：家屬抱持骨灰上船。(3)抵達外海地點：途中播放紀念亡者音樂。(4)家屬將骨灰裝入可分解、無毒性之容器或棉紙拋入海中。(5)家屬拋灑鮮花瓣。(6)默禱及祝福。(7)返航：途中播放音樂。(8)上岸感謝家屬辛勞。(9)葬禮圓滿結束。

16 高崇明、張愛琴著（2004），《生物倫理學十五講》。北京：北京大學出版社，頁 321。東方自然環境特別強調人是一個小宇宙，是整個宇宙的一部分，人與自然的關係是統一的，人只是自然界的一個普通組成部分……。實際上早在三千多年前，中國就有了明確的「天地生合一」的思想。在《周易》典籍中即有：「天地交而萬物通也」、「天地感而萬物化生」。而老子進一步闡述：人法地，地法天，天法道，道法自然。即人以地為法則，地以天為法則，天以道為法則，道以自然為法則。把天地人的整體統一看成是宇宙整體統一。

五、結語

討論至此，本文當告一段落。不過，在結束整個討論之前，吾人猶然需進行一個簡單之回顧，重新梳理此文討論出現何種成果？首先，從政府引進綠色殯葬之動機來看，其目的在於解決土地利用之問題。那麼，何以政府需解決土地利用的問題？此乃因活人發展過快過速，為了活人用地之需要，別無選擇地讓不再有用的死人讓出其用地。可是，如果只是單純地要求其讓出用地，那麼這樣的作為即過於功利，亦無法說服一般民眾。因此，為了取得一般民眾之認同，政府引進綠色殯葬政策不能僅僅是為了解決土地利用之問題，仍需面對殯葬本身之問題。

其次，在反省此項引進之前，必須先行釐清綠色殯葬之意義。之所以如此，是因為一般民眾對於綠色殯葬雖然知道如何選擇，卻不一定懂得為何選擇。為了讓整個選擇進入自覺之狀態，因此必須先行釐清綠色殯葬之意義。此外，唯有真正瞭解綠色殯葬之意義，方能客觀理性地省思綠色殯葬之作為有無問題。那麼，綠色殯葬之意義究竟為何？就一般民眾之理解而言，綠色殯葬之意義主要與生態環保攸關。可是，與生態環保有關之殯葬到底又是何指？其實，對於此問題有識者並未提出進一步之探討。根據本文之探討，就形式而言，綠色殯葬指的是「根據生態的要求用不同方式處理死亡之作為」；就實質言之，綠色殯葬乃指「在盡量不使用土地之情況下，讓亡者之骨灰得以經由融入自然不破壞自然地回歸自然之作為」。

第三，在釐清綠色殯葬意義之後，本文繼而討論綠色殯葬之具體作為。從整體探討來看，政府所採取的是多元循序漸進之策略。那麼，政府何以採取這樣的策略？最主要考慮在於殯葬業者和一般民眾之接受度。就本文之瞭解，政府於「殯葬管理條例」制定前即有多年推動海葬之做法，認為海葬最能解決土地利用之問題。可是，由於國人深受入土為安觀念之影響，海葬業務之推動並不順利。迄今，經十餘年來推動之成果亦不過僅一千餘人而已。至於樹葬與花葬之推動雖然起步較海葬為晚，但其成效卻遠優於海葬。雖僅約十年之推動，卻吸引了逾萬人以上之響應，近乎是海葬之十倍數量。之所以如此，是因為相較於海葬，樹葬與花葬更為接近入土為安之做法。除了葬之課題外，政府亦同時關注到殯的部分。其中，火化場的空氣污染問題最先被關注到。其後，政府開始注意載具與陪葬品之於環保的問題。當此之時，殯葬業者亦體認大局積極配合，除了致力於設施與設備更為符合環保要求外，亦積極地投入環保用品之創新開發，讓整個殯葬產業更為環保。除此之外，較不在殯葬產業鏈之祭的部分亦加入了綠色殯葬大纛之列。過去，清明節紙錢之焚燒一直是個嚴重的環保問題[17]。現在，在減少焚燒紙錢之積極宣導和以功代金、集中焚燒……等做法之配合下，目前有關焚燒紙錢所造成之空氣污染問題已然得到相當程度之改善。

最後，本文對整個綠色殯葬進行反省。對於這個問題，本文分成四點：第一、從土地利用之角度來看，政府之引進動機與綠色殯葬之原意實有所不同，甚至於是相反對立。可是，只要改變都市發展之觀念，引進動機與綠色殯葬兩者間是實有其會通之可能；第二、對於自然之理解，如果是採取科學主義下的物質自然之理解，那麼這樣的自然絕對無法合理解釋綠色殯葬存在之可能。但是，如果改採異質自然之理解，那麼在多層次自然之理解下，綠色殯葬之存在即能獲得合理的解釋；第三、對於自然與人為之

---

[17] 摘自慈濟全球社區網／大愛感恩科技，大愛心聞，環保新知，「焚燒紙錢對人體及環境之影響」。根據行政院環保署提出，雖然焚燒紙錢已經成為民間行之已久的祭祀方式，但是祭拜用紙錢含有紙漿、金箔及鉛等金屬成分，燃燒紙錢會產生的空氣污染物，如下列七項：(1)一氧化碳（CO）。(2)二氧化碳（CO2）。(3)粒狀污染物。(4)氮氧化物（NOx）。(5)酸性氣體：如 HCl。(6)揮發性有機物：苯、甲苯、多環芳香烴（PAHs）等。(7)重金屬。網址：http://www.daait.com/index.php/tc/2011-08-16-09-02-49/2011-10-21-09-14-49/ 1097-2012-07-05-08-07-32。

關係一般有兩種理解之方式，如果採取對立的方式，那麼有關土地利用之衝突即無化解之可能。然而，如果改採和諧之方式，那麼有關土地利用之衝突即有化解之可能；第四、有關回歸自然與入土為安之衝突課題，如果採取的是衝突的認知觀點，則綠色殯葬之推動必然曠日廢時成敗難料。但是，如果重新理解入土為安之土，避免把土局限於狹隘之土地，而回復到古代天人合一之大地，則此大地即能與自然相融銜接。如此一來，回歸自然即是入土為安。

參考書目

黃有志、鄧文龍（2002），《環保自然葬概論》。高雄：黃有志自版，。

鄭志明、尉遲淦（2008），《殯葬倫理與宗教》。新北市：國立空中大學。

尉遲淦（2014），〈殯葬服務與綠色殯葬〉，發表於《103 年度全國殯葬專業職能提升研習會論文集》。苗栗：仁德醫護管理專科學校。

郭慧娟（2009），《臺灣自然葬現況研究》。嘉義縣：南華大學生死學研究所碩士論文。

郭慧娟（2013），「臺灣殯葬環保問題面面觀」，臺灣殯葬資訊網。

劉見成（2011），《宗教與生死》。臺北：秀威資訊科技。

高崇明、張愛琴（2004），《生物倫理學十五講》。北京：北京大學出版社。

慈濟全球社區網 / 大愛感恩科技，大愛心聞，環保新知，「焚燒紙錢對人體及環境之影響」。

內政部全國殯葬資訊網 / 「環保自然葬」專區，網址：https://mort. moi.gov.tw/。

儒家土葬觀新解

摘要

本文目的在於重新理解儒家的埋葬思想。過去，我們都認為國人之所以採取土葬做法的主因係受到儒家喪葬思想之影響所致。因此，儒家在時代的變遷中就應該隨著農業社會的消失而消失。然而，在物換星移的時代變遷過程中，我們發現儒家並未消失。相反地，它如同幽靈般一直陰魂不散的存在著。就是這樣的持續影響力，讓我們覺得有必要重新理解儒家對於埋葬的想法。

經過不斷地探討，我們發現只要鬆動我們對於不忍人之心和全屍觀念的認知與理解。其實，儒家對於埋葬的想法不僅適用於火化進塔的做法，也可以應用於環保自然葬的做法。其關鍵在於把全屍的觀念進一步從觀念轉化為操作程序，以及把大自然的觀念轉化為天地的觀念。如此一來，儒家的埋葬思想又可以成為我們今天埋葬的主要指導思想。

關鍵詞：儒家、土葬觀、不忍人之心、全屍

一、前言

生，事之以禮；死，葬之以禮，是儒家傳統孝道發觴的喪葬思想核心[1]。在中國傳統社會的思維中，葬禮強調的是對祖先靈魂的祭祀和崇拜[2]。隨著物換星移的時空轉變，一般人對儒家的土葬觀幾乎都抱持著負面的看法。但是，我們不要忽略了此種負面的評價是有其時代發展的背景。如果我們不把這些背景因素納入考量，恐怕難以理解何以這種負面的存在可以存在那麼久遠？如果我們把這些背景因素考慮在內，那麼即會發現儒家的土葬觀是可以有其他的理解方式。只要我們懂得如何依循時代的變化重新理解儒家的土葬觀，那麼儒家的土葬觀是可以有一個合乎時代面貌的存在。

事實上，從古至今，沒有一種思想的出現是沒有它的時代背景。既然每一種思想的出現都有其特定的時代背景，那麼我們在理解與評價這樣的思想時當不應任意地離開這樣的時代背景來評價它。如果我們任意地離開這樣的時代背景來評價它，則此評價必然會失去其應有的客觀公平性。因此，為了客觀公平地評價該思想，我們萬不可脫離該思想出現的特定時代背景。

話雖如此，但也未必意指所有的思想皆必須受制於該時代之背景，絕非一旦脫離了時代背景之後該思想即不再有其價值之意指。實言之，一個思想之所以有其價值，除了對所出現的時代有所貢獻之外，其影響所及必將對後來的時代更具深遠意義。至於這樣的思想要如何對後來的時代有所貢獻，端視此思想在脫離特定的時代背景之後，是否仍具有調整自己適應

---

[1] 郭振華（1998），《中國古代人生禮俗文化》。西安：陝西人民教育出版社，頁 115。

[2] 同註 1，頁 118。

新時代的能力？如果它仍具有能力適用於新的時代，則其自當得以繼續維持其自身的價值。然則，若其不具此能力，則其必然無所延續對新時代貢獻之力，自然亦無由持續受到新時代之矚目。由此可見，一個思想存在之價值與否，除了視其對當時代的貢獻之外，亦得看它在其他的時代是否仍擁有它的影響力？只要其影響力越甚，則其存在之價值即越高。否則，在缺乏影響力的情況下，其必然難以持續存在若往。

根據這樣的認知，我們想要重新反省儒家對於土葬的想法。如果按照現有的定論，那麼我們實在沒有必要白費力氣幫儒家做翻案的工作。因為，無論怎麼翻案，大家都會認為這樣的翻案是沒有意義的。對他們而言，儒家對於土葬的想法雖然在周代即被融入了政治與法律色彩，成為統治者維持社會秩序的基本制度，有其悠久發展的歷史足跡[3]。但不可諱言的，儒家土葬想法過去畢竟曾貴為主流，但在時代的變遷中幾已成為明日的黃花，吾人又何須再為過去做些無謂的緬懷工作呢？可是，在此人們似乎遺忘了一點，那就是儒家對於埋葬的想法不只是一種過去的思想而已，事實上，它依舊支撐著我們今天對於埋葬的處理。如果這樣的想法真的已經成為明日的黃花，那就表示我們在死亡的處理上必然會失去自己曾經擁有的特色。對我們而言，我們要不要擁有這樣的特色，希不希望自己可以擁有自己的特色？其實，關鍵就在於儒家的埋葬想法是否真的只有一種理解方式？抑或說可以有其他的理解方式？只要儒家對於埋葬的想法可以有其他的理解方式，那麼我們今天在埋葬的處理上就不一定非要選取西方的觀點作為我們的依據，也可以擁有自己與世人不同的獨特觀點。就此點而言，基於死亡尊嚴的考慮，甚至於更貼切地說，基於埋葬尊嚴的考慮，我們都有必要重新反省儒家對於埋葬的看法是否只有過去的理解方式，或是有其他理解的可能？

[3] 石奕龍（2005），《中國民俗通志‧喪葬志》。濟南：山東教育出版社，頁3。

二、過去對儒家埋葬處理的理解

首先，我們看過去是如何理解儒家對於埋葬的處理？就過去的理解而言，儒家對於埋葬的處理是採取土葬的做法。那麼，儒家何以採取土葬的做法呢？對一般沒有深入研究過儒家的人而言，他們的答案通常都會和孝道做連結[4]。如果不是孝道實踐的需要，那麼儒家對於埋葬的處理就不見得非要採取土葬的做法不可。因此，就一般大眾而言，如果一個人想要盡孝道卻又不想採取土葬的做法，那麼這個人所實踐的就不是孝道的表現。相反地，社會上對於這種不用土葬處理親人遺體的做法往往即被視為是一種違反孝道的做法。

可是，為何採取土葬的做法處理親人的遺體即是孝順，而不採取土葬的做法處理親人的遺體就不被認為是孝順？對於這個問題，我們如果進一步去問一般人，那麼他們的回答通常都認為這是理所當然的事情，並無任何更進一步的理由。如果不相信，那麼還可以再問其他人，相信最後的答案都是千篇一律。也就是說，這是社會公認的答案，沒有什麼可以懷疑的。既然如此，那麼我們是否就只能認可這樣的答案，而不能再提其他的問題？對我們而言，這樣的答案雖然滿足了一般社會的要求，卻沒有滿足我們的要求。因為，社會的要求重點不在理解，也不在於知識，而在於配合與執行。只要一般人能夠配合與執行，那麼這樣的答案就足以成為一個解決問題的答案。除非這個答案不足以形成這樣的結果，否則社會是不會提供更進一步解釋的。然而，對一個追求知識的人而言，這樣的答案當然無法令人折服。其中，最主要的理由是，這個答案僅是訴諸社會大眾的一般性說法，並沒有提供能夠說服我們有力的

[4] 鄭志明等（2008），《殯葬歷史與禮俗》。臺北：國立空中大學，2008年，頁54。

合理理由。此當即是何以過去在遭遇西方的挑戰時儒家的埋葬處理方式這麼容易就崩盤的原因所在。

如果我們不認為儒家對於埋葬的想法僅只是如此而已，那麼就必須更深入背後的理由，探究這樣的理由是如何支撐儒家採取土葬的做法？就我們的瞭解，儒家之所以認為孝道的實踐必須和土葬的做法連結起來是有其相關的理由而且是一個「價值的轉換」[5]。因為，每一種葬式都依據一定的文化價值觀念進行[6]。對於這樣的理由，通常我們可以歸納成兩點：第一點就是不忍人之心發用的結果；第二點就是全屍觀點認定的結果。如果不是這兩點理由，那麼儒家對於埋葬的想法可能就不見得非要土葬的做法不可，也可以是其他的葬法。所以，在這裡我們就必須清楚瞭解這兩點的意義，看過去的人是怎麼瞭解這兩點才讓儒家的埋葬方式變成土葬的做法？

就第一點而言，儒家為什麼會把不忍人之心看成是支持土葬做法的理由？就我們所知，表面上是來自於孟子的說法。孟子曾言：

> 蓋上世嘗有不葬其親者，其親死，則舉而委之於壑。他日過之，狐狸食之，蠅蚋姑嘬之。其顙有泚，睨而不視。夫泚也，非為人泚，中心達於面目。蓋歸，反虆梩而掩之。掩之誠是也，則孝子仁人之掩其親，亦必有道矣[7]。

對孟子而言，為人子女之所以會想要安葬親人不是天生就如此的，而是後天的一種選擇與作為。根據遠古的經驗，人類對於親人的遺體並非一開始即採取埋葬的作為[8]。實際上，在埋葬的想法出現之前，人類對於親人

---

5 徐復觀（1982），《中國人性論史．先秦篇》。臺北：臺灣商務印書館，頁 81-82。徐復觀認為儒家尊崇祖先、重視祭祀喪葬乃是將傳統的鬼神信仰轉換為道德意識的呈現。

6 王夫子（2015），《殯葬哲學與人生》。長沙：湖南人民出版社，頁 8。

7 《孟子．滕文公上》第五章。

8 張捷夫（1995），《中國喪葬史》。臺北：文津出版社，頁 2。

的遺體採取棄之荒野，任憑禽獸螻蟻噬食的做法[9]。對於這種遺棄的做法，遠古的人原先並無任何的特別感覺。但是，在時間的推移中，人類對於親人遺體的變化慢慢出現了不同以往的感知。就是這種感知，讓人類深切產生對遺棄親人屍體的愧疚感。相反地，他們開始出現了惻隱之心，認為對待父母的遺體不應當如此的野蠻。於是，他們改變了做法，認為安葬親人的遺體才是為人子女所當為的正確做法。所謂「葬也者，藏也，欲人之弗得見也」[10]。如果為人子女者沒有安葬親人的遺體，而任意遺棄，那麼其良心將受到強烈的譴責。即「人知情不忍為也，故有葬死之義」[11]。就是這種為求心安的想法，讓人們對於親人的遺體從棄置改為安葬，於是乎形成了土葬的做法。

那麼，何以採取安葬親人的遺體即能心安，而棄置親人的遺體即內心不安呢？對於此課題，儒家有更深入的說明[12]。就儒家而言，如果人們對於親人的遺體棄之不顧，任由鳥獸螻蟻傷害，即表示親人的遺體與我們並無任何的關係。唯有在這種情況下，我們才能從鳥獸螻蟻對於親人遺體傷害的不忍之心中消解脫離。然而，這樣的想像空間並無存在的可能。因為，我們的親人之所以成為我們的親人，不是在親人變成遺體之時才成為我們的親人，而是在他們還活著的時候就已經與我們有著不可切割的血緣關係。因此，當親人從生變成死之時，我們的關係並無任何的改變。換言之，無論親人是生抑死，他們始終都是我們關係密切的親人。所謂「人未有自致者，必也，親喪乎」[13]。既然都是我們的親人，那麼我們的對待方式就不應該有所不同。當他們活著的時候，我們對他們孝順有加。同樣地，當他們死亡時，我們一樣孝順有加。即中庸所謂的「事死如事生，事亡如事

---

9 同註 8，頁 1。

10 《禮記・檀弓》。

11 《呂氏春秋・節葬》。

12 邱達能（2010），〈先秦儒家喪葬思想研究〉。臺北：華梵大學東方人文思想研究所博士論文，頁 185。

13 《論語・子張》。

存，生死一如」。由此可知，我們之所以對親人的遺體不忍棄之不顧，主要是源於我們與亡者之間的親情關係。

就第二點而言，徒有保護親人遺體之想法仍猶不足。若果欠缺保存全屍的概念，縱然我們保護了親人的遺體，但也未必會有將親人遺體放入棺木的做法。對儒家而言，保護親人的遺體除了將遺體埋葬在土裡之外，尚要有進一步的做法。如果僅僅是單純地將親人的遺體埋葬在土裡，這種做法雖然在某種程度得以保護親人的遺體不致受到鳥獸螻蟻的傷害，但是終將覺得為德不足。因為，親人在世之時並非任意躺在荒野之中，而是睡在房子的寢室裡。既然是睡在房子的寢室裡，即表示其受到房子的保護，不至於遭受到鳥獸螻蟻的傷害。果若如此，我們又如何可能在其死後任由其遺體直接放在土裡任憑腐爛？因此，為了避免這種直接想像的結果，儒家遂用棺木進一步保護親人的遺體，使親人的遺體得以維持其完整。對於這樣的作為認知，在傳統禮俗上即是「全屍」的做法。

不過，徒有如此的理解仍猶不足。因為，全屍不單單只是埋葬之後的全屍，它還是死亡時之全屍。如果沒有死亡時候的全屍，則即無埋葬時的全屍可能。當然，或有人提出人在死亡之時有可能是沒有全屍的情況。就是這種沒有全屍的狀態，才會出現今天所謂的遺體修復作為。當此之際，姑且先不論及此特殊狀況。對古人而言，人死亡時候之全屍至為重要。倘若我們沒有讓親人死時得以維持全屍狀態，即表示我們對親人的保護不夠周全，對孝道之實踐不足，方讓親人遭受如此遺憾的處遇。

對此，我們不禁要問，何以維持親人遺體的完整竟會如此重要？就表面看來，此似乎只是傳統禮俗的一個認知做法，為何我們非遵守不悖？實際上，情況並非如同表象如此簡單。雖然儒家並未直接將全屍的觀念和儒家的道德緊密的連結，但在後來的發展途徑上我們可以察覺，它其實是將全屍的觀念和成全道德生命的要求彼此連結。對儒家而言，身體髮膚受之父母，不可有絲毫的損傷。既然不能損傷，即表示我們需盡心於愛護自己的身體。非但如此，我們更要設法協助父母保護好他們的身體。關於這種保護，不僅是在父母活著的時候好好維護他們的生存，也是在他們死的時候好好維護他們的遺體。即所謂「生，事之以禮；死，葬之以禮，祭之以禮」[14]，就是這種成全父母道德生命的想法，讓全屍的觀念成為儒家選擇土葬極為重要的思想根源之一。

經過上述的探討，我們即能清楚儒家之所以選擇土葬作為它埋葬做法之因。對儒家而言，如此的選擇有其必要。就當時之背景而言，如果不要選擇如此的做法，則只有選擇墨子當時所說的火化做法。其言：

> 楚之南有炎人國者，其親戚死，朽其肉而棄之，然後埋其骨，乃成為孝子。秦之西有儀渠之國者，其親戚死，聚柴薪而焚之，燻上，謂之登遐，然後成為孝子[15]。

墨子之意土葬與火化都無損於孝道的落實，但其說法與傳統身體髮膚受之父母不可損傷的認知上有所差異。畢竟，從表面來看，火化的做法並不是一種保護的做法。相反地，它是一種破壞遺體的做法。既然是破壞遺體的做法，對儒家而言，養生送死是等量齊觀[16]。破壞遺體的做法是人子所不可能選擇的，也無法真正安人子的不忍人之心。所以，在沒有其他更好的選擇情況下，儒家只好選擇土葬的做法。也就是這樣的選擇，讓儒家被烙印上土葬忠實擁護者的印象，彷彿缺少了土葬的做法儒家即不再是儒家。

---

14 《論語・為政》。

15 《墨子・節葬下》。

16 馬鄭（2002），〈淺議先秦儒家孝道觀與厚葬陋習〉。《楚雄師範學院學報》，第 17 卷第 2 期，頁 59。

三、時代變遷所帶來的挑戰

其次，我們探討後來時代變遷所帶來的挑戰。本來，這樣的認定亦是無可厚非，並沒有什麼問題。因為，我們過去的確是在儒家土葬觀的影響底下進行埋葬的作為。可是，當近世紀西風東漸以後，儒家土葬觀的認定就成為社會不進步的重要原因之一。如果不是儒家對於土葬做法的堅持，那麼社會是不會這麼不進步的。因此，為了讓社會可以走向西方式的進步，我們需要改革儒家對於土葬的做法。

那麼，要怎麼改革儒家對於土葬的做法呢？對於這個問題，實難一蹴可幾一步到位。因為，有關埋葬的做法並非一個單純的社會習慣而已，它還是一個與文化禁忌有關的作為。如果想要一步到位而沒有分階段進行的話，那麼這樣的改革通常是會遭遇失敗的下場。所以，為了確保改革的成功，我們必須採取分階段逐步改革儒家有關土葬的做法。

在第一階段，我們可推動的改革首要在掀開土葬做法的神秘面紗。倘若我們並未掀開這個面紗，那麼在迷信思考的影響下，土葬做法的改革必然困難重重。因此，在民國初年，當時的知識分子即針對土葬當中的風水問題提出強烈的批判。對他們而言，風水只是一種迷信的作為。之所以如此，是因為在科學主義的瀰漫下，風水所謂的作用在科學上皆是無法驗證的迷信。只要我們深入不同人的經驗當中，往往發現這些靈驗的說法都沒有表面所看到的那麼可靠。既是如此，那麼我們豈可根據這些無法驗證的想像而貿然決定土葬的地點？一旦這樣的風水迷信被打破，那麼在埋葬上對於大地環境的破壞自當隨之降至最低。

到了第二階段，只有破除風水迷信的作為仍難竟其功。因為，自從政府播遷來臺之後，隨著社會經濟的發展，生活型態越來越都市化。在都市化的過程中，人們對於生活的品質要求越來越高，也越來越在意都市四周景觀的問題。藉由這樣的在意，政府開始注意都市四周的土葬問題[17]。就當時的土葬情形來看，不是亂葬就是濫葬，想要找到一個井然有序的埋葬區域幾乎是遙不可及。為了重新建立土葬的秩序，於是政府提出了公墓公園化的政策，希望藉著這個政策的推動，讓土葬的做法逐漸步入現代化的軌道[18]。

至此，有關土葬的改革重點都只停留在做法的調整[19]。雖然在調整的過程中，隱藏在背後的儒家埋葬想法間接受到了批判，認為這樣的作為不夠現代化，但是基於孝道的思考，這樣的埋葬想法並沒有直接被否定。然而，隨著都市化的發展步伐，人們不只對於環境與生活品質的要求越來越高，也對土地利用價值的想法越來越往活人的方向傾斜。在此種情況下，土葬的做法開始遭受否定的考驗。

就這樣，有關土葬的改革進入第三個階段。在此階段，隨著高度都市化的發展與高度經濟的成長，人們對於價值的判斷開始改變。過去，人們認為無論我們如何發展，祖先的需求永遠都擺在第一順位。根據這樣的思考，我們會把土地當中最好的條件奉獻給祖先。可是，發展至今日，人們深刻察覺活人所使用的土地有極大的增值空間，甚至可以創造相當龐大的財富。於是乎，人們開始內心交戰於讓祖先還是活人孰優使用土地的問題。如果優先提供給祖先使用，那麼再好的土地其價值亦是闕然。相反地，如果提供給活人使用，則土地不但可以活化，猶可為我們創造巨大的財富。就是這種土地價值觀的改變，政府乃著手思考如何進一步改革土葬的做法才能達成上述的目的[20]。關於此點，我們可以從〈時「死人不要與活

---

[17] 黃有志、尉遲淦、鄧文龍（1998），《殯葬設施公辦民營化可行性之研究》。臺北：內政部民政司，頁 14。

[18] 邱達能（2007），〈從莊子哲學的觀點論自然葬〉。臺北：華梵大學哲學系碩士論文，頁 65。

[19] 同註 17，頁 14。

[20] 同註 12，頁 178-180。

人爭地」的一句口號得到驗證。

在這一個階段當中，政府又當如何改革土葬的做法？對政府而言，立馬取消土葬的做法必然遭遇民眾極大的反彈，亦無法對過去一直倡導的孝道有一個良善的交代。為了讓民眾逐漸接受，政府乃開始鼓勵民間興建納骨塔，希望藉由納骨塔的增加逐步引導民眾在埋葬時往火化進塔的方向前進。本來，如果沒有天時地利與人和的配合，這樣的引導很難有成功的可能。所幸，當時所反映的是，由於都市化的結果導致土葬用地大量減少的情勢。於是，在土葬用地不易取得的情況下，土葬的花費必然水漲船高，使得一般民眾在經濟因素的考量下不得不逐漸轉向火化進塔的埋葬方式。

話雖如此，火化進塔猶尚未水到渠成，當中仍存在著一些土葬的關卡需要克服。例如火化進塔的作為是要把遺體進行火化，但在土葬的傳統思考中，火化等同是一種懲罰。如果亡者生前並無大奸大惡之惡行，何以在死後其遺體需遭遇火化之刑？為了避免這樣的聯想，在從土葬轉向火化進塔的過程中，這樣的觀念必須予以適切的調整。於是，從宗教淨化的角度切入便形成了最佳的良方，讓這樣的火化結果不再是一種懲罰，而是一種淨化昇華的過程[21]。

又如全屍的觀念，對儒家而言，全屍代表的是人們對於親人遺體的維護，也是人們善盡孝道的表徵。如果我們做不到這一點，那麼要說我們對親人有多孝順亦是枉然。因此，如何在遺體火化之後仍能保有全屍的想法，即成為從土葬轉向火化進塔至為重要的一個觀念轉折的關卡。但是，對於這個問題，政府並沒有太多的思考。他們唯一考量到的僅是現實需求的問題層面，並未進一步深入到觀念本身，思考如何對全屍觀念進行相應地轉化。實際上，這個問題的解決主要來自於民間自我轉化的結果。對他

[21] 肯內斯•克拉瑪著，方蕙玲譯（2002），《宗教的死亡藝術》。臺北：東大圖書公司，頁 88。

們而言，土葬的全屍不再是表面平鋪直敘式的全屍，而是一種象徵意義的全屍。只要在火化之後的撿骨，讓全身的每一個主要部位都有代表，那麼這就叫做全屍。於是乎，火化進塔即逐漸取代了土葬的做法而成為今日我們埋葬方式的主流。

不過，只有改革到這一步仍屬不足。因為，對政府而言，火化進塔雖然在土地的使用上較土葬更為經濟，但仍不免需要使用到土地。因此，火化進塔依舊不能代表是最理想的埋葬方式。對其而言，最好的埋葬方式應當是對土地的零使用。要做到這一點，就必須徹底改革使用到土地的埋葬觀念。若此，何以為之？根據公部門主管業務人員從國外考察所獲得的成果來看，即是所謂的環保多元葬或環保自然葬的做法。透過這項觀念作為的引進，臺灣對於土葬做法的改革於焉進入了第四個階段。

表面看來，只要客觀條件配合得宜，環保自然葬的推動理當順理成章毫無問題。但是，實際情況並非如此。因為，環保自然葬的推動還牽涉到骨灰處理的問題。過去，火化進塔雖然存在著火化的困擾，但經過塔葬的做法親人仍然可以保有全屍。現在，即使有環保容器，但因環保容器有降解的問題[22]，親人勢必難以繼續保有全屍的狀態。在屍骨無存的情況下，一般社會大眾實難以接受這樣的葬法。如果我們希望能繼續有效地推動環保自然葬，捨觀念問題的解決之道別無他法，切不可讓一般社會大眾誤認此項葬法是一種懲罰的葬法。要做到這一點，我們就必須從傳統的觀念當中進行進一步的轉化，亦即是從儒家的埋葬思想中轉化出可以解決問題的資源。

---

[22] 邱達能（2010），〈殯葬與環保〉，《中華禮儀》，22 期。臺北：中華民國殯葬禮儀協會，頁 37。

四、對儒家埋葬想法的新解釋

最後，我們探討儒家的埋葬思想是否還有此轉化的可能性？就我們所知，儒家思想雖然一直處於被批判的地位，但是這種持續的被批判亦在在證明儒家思想仍是處於現代的主導地位。若非如此，幾無由擁有如此的處境。雖然如此，我們自然亦不能因此即認為儒家思想毫無問題，完全不需去理會這樣的批判。因為，儒家思想畢竟是農業社會的產物，雖歷經數千年的演變而不墜，但縱再有道理，到了工商資訊社會的今天，仍有需要再做進一步調整的空間。如果完全不需要再調整，則儒家亦不至於出現今天被批判的處境。因此，如何調整才能讓儒家能夠歷久彌新，此當即是有識者今天責無旁貸的使命。

既是如此，我們又當如何調整出適合今天工商資訊社會的埋葬思想？對我們而言，可以從過去的經驗當中找到蛛絲馬跡。就上述的敘述，儒家對於埋葬的想法並非今天才遭受挑戰，迨自民國初年即是如是。不過，無論如何挑戰，其中有關孝道的堅持卻一直存在未失。就此點而言，顯然問題不在孝道本身，而在實踐孝道的方式。對過去的人而言，土葬的做法是實踐孝道的最理想方式。後來，在時代的變遷中，土葬的做法失去了往昔的風采，轉成火化進塔才是實踐孝道最好的方式。現在，政府意圖把實踐孝道的最好方式轉往環保自然葬的方向引導，成功與否端看這樣的想法是否得以從儒家的埋葬思想中順利轉化出來。

就過去火化進塔的經驗而言，一般社會大眾之所以能夠接受從土葬轉向火化進塔做法的轉變[23]，究其實，一方面固然是受到都市化所帶來土地利用價值觀念與資源有限因素的影響外，另一方面亦是受到火化不再是懲

---

[23] 尉遲淦（2003），《生命尊嚴與殯葬改革》。臺北：五南圖書出版公司，頁 87。

罰觀念轉化成功的影響，以及火化之後仍然可以保有全屍想法的認同。在這些因素的影響下，一般社會大眾不再認為火化進塔與土葬是互相悖離衝突的做法。相反地，人們認為這種做法的轉變是一種順應時代要求的必然。既然是時代的要求，人們自當不需再特別去抗拒。我們唯一要做的是在理解之後加以配合。因為，這樣的做法並沒有違反我們傳統的孝道。實際上，它仍是我們孝道實踐現代化的結果。

既然如此，此刻我們即可根據這個脈絡做進一步的思考，檢視此股轉化的動力如何往環保自然葬的方向順走？在此，我們先行從全屍觀念的理解入手。就過去的理解而言，全屍的觀念過於偏重生理的意義，彷彿只要屍體不完整即無達到全屍要求的可能。然而，在其後火化進塔的挑戰下，我們發現全屍觀念仍有另外一種理解的可能，就是只要具有充分的代表性，全屍不一定非要堅持生理上的完整。在這樣的理解下，火化進塔的做法即是在火化之後的撿骨，依據身體部位的順序從頭到腳撿拾排列，表示亡者依舊擁有他的完整性。根據這樣的理解經驗，當埋葬的選擇從火化進塔轉向環保自然葬的同時，我們依然可以採取相同的做法，表示在火化時亡者一樣得以保有他自己的全屍。不僅如此，在灑葬時亡者一樣可以依序拋灑，表示亡者是以全屍的型態回歸自然。如此一來，亡者在拋灑的過程中即非屍骨無存，而是全屍回歸。

不過，徒具此項認知仍顯不足，我們尚須進一步處理骨灰歸宿的問題。過去，土葬之時，遺體仍有一個顯著的去處。當我們思念親人之時，猶有一個具體的存在讓我們進行悼念。後來，轉向火化進塔之後，雖然沒有一個獨立的目標物可以憑弔，但是仍然有一個具體存在的對象，不至於讓我們平空悼念。可是，到了現在，在環保自然葬推動以後，由於不立標誌的影響，我們不知應當前往何處憑弔？縱使有憑弔之的，卻無具體的標的物得以依憑。對於這樣的處境，就家屬而言是一種難以接受的現實。因此，為了讓家屬可以接受，我們必須轉化思考，讓這種無處憑弔的處境變成處處皆可憑弔的想法。

於此，如何作為方得以進入轉化之功呢？對於這個問題，我們可以從歸宿的角度加以思考。對儒家而言，選擇土葬是為了讓我們的親人有一個歸宿，而這個歸宿得以幫我們的生命緊密的連結在一起。因此，我們一般皆言說此歸宿為「老家」。換言之，家人相聚之處稱為「家」，死後家人相聚之處即是「老家」。當親人死亡之時，人們會幫死去的親人建構一個墳墓，目的在於透過這個墳地的設置讓死去的親人回到老家。雖然其後土葬的做法被火化進塔的做法所取代，塔位轉化成為新的終極之地，亦順理成章地成為人們回到老家時新的象徵物。既是如此，當環保自然葬取代火化進塔做法之時，作為回老家的現世象徵物即從塔位轉換到大自然。進一步言之，只要我們把老家的象徵物從塔位轉換成大自然，則上述歸宿的問題自然迎刃而解。

現在，我們要做的是，如何建構大自然成為我們回老家的象徵物？根據我們對儒家的理解，大自然如果是今天科學理解的大自然，那麼這樣的大自然必然無法成為我們回老家的象徵物。但是，如果這樣的大自然不要是科學理解下的大自然，而轉換成傳統所理解的天地，那麼在道德意義的支撐下，這樣的大自然當然可以成為我們回老家的象徵物。因為，人的生命是來自於天地，而在其死亡之際回歸天地，是一種極為自然回老家的行為。根據這樣的理解，我們找到的不只是一個現世的象徵物，也找到了一個永恆的歸宿。經由這個歸宿，當我們想念親人之時，不必然要在一個固定之地，可以選擇在任何地方悼念親人。畢竟，天地無涯，它在任何地方都得以成為我們和親人相聚的道德場域。

五、結語

經過上述的探討，我們在此略做總結。對我們而言，儒家對於土葬的想法是一個具有古老歷史的想法。雖然想法極為古老，卻歷久彌新。因為，這個古老的想法至今仍然深刻地影響著我們。既然如此，我們當要在此古老情境中尋求新的理解，讓此文化資源不僅不要成為我們的阻礙，還要成為我們進步的資源。帶著這樣的想法，我們試圖重新理解儒家對於埋葬的想法。

為了達到這個目的，我們從儒家對於埋葬的處理根源入手，經由不忍人之心與全屍觀念的探討，我們爬梳到儒家在過去之所以採取土葬做法的理由。根據這樣的理由，我們發現不採取土葬恐怕孝道難盡。如果真要善盡孝道，土葬的做法必然是一個正確的選擇。

然而，受到西風東漸影響的結果這樣的想法開始產生轉變。最初，土葬本身之外，土葬的相關配套受到了挑戰。爾後，在都市化的衝擊下，土葬本身逐漸受到了質疑與否定。其後，火化進塔的做法取代了土葬的做法。不過，在這個過程中，我們發現這種取代不能只是單純地訴諸於客觀的環境條件，還必須有內部觀念的調整。於此，我們看到了儒家對於埋葬想法轉化的可能。

到了現在，環保自然葬的興起，更讓我們意識到這樣轉化的重要。對政府而言，環保自然葬是一個因應時代需求的政策，只要持續推動，無需過於在意葬法背後的文化依據為何。可是，對我們而言，問題並非表面所看到的如此簡單。因為，此涉及當代人死亡尊嚴的課題。如果我們不希望死得很外國，即須重新從自己的文化根源中找尋相關的依據。對我們而言，儒家對於埋葬的思想即是最佳的可能依據。根據探討的結果。只要我們重新理解全屍的觀念，在拋灑的做法上融入依序處理的全屍順序，再加上以天地取代大自然的歸宿理解，儒家對於埋葬的想法即足以成為當代採取環保自然葬的文化依據。

參考書目

王夫子（2015），《殯葬哲學與人生》。長沙：湖南人民出版社。

石奕龍（2005），《中國民俗通志．喪葬志》。濟南：山東教育出版社。

郭振華（1998），《中國古代人生禮俗文化》。西安：陝西人民教育出版社。

鄭志明等（2008），《殯葬歷史與禮俗》。臺北：國立空中大學。

徐復觀（1982），《中國人性論史．先秦篇》。臺北：臺灣商務印書館。

張捷夫（1995），《中國喪葬史》。臺北：文津出版社。

邱達能（2007），〈從莊子哲學的觀點論自然葬〉。臺北：華梵大學哲學系碩士論文。

邱達能（2010），〈先秦儒家喪葬思想研究〉。臺北：華梵大學東方人文思想研究所博士論文。

邱達能（2010），〈殯葬與環保〉，《中華禮儀》，22 期。臺北：中華民國殯葬禮儀協會。

馬粼（2002），〈淺議先秦儒家孝道觀與厚葬陋習〉。《楚雄師範學院學報》，第 17 卷第 2 期。

尉遲淦（2003），《生命尊嚴與殯葬改革》。臺北：五南圖書出版公司。

黃有志、尉遲淦、鄧文龍（1998），《殯葬設施公辦民營化可行性之研究》。臺北：內政部民政司。

肯內斯．克拉瑪著，方蕙玲譯（2002），《宗教的死亡藝術》。臺北：東大圖書公司。

省思綠色殯葬政策背後的依據

摘　要

本文目的在於探討綠色殯葬背後的依據。對我們而言，過去政府在推動此一政策時許多事情都沒有交代清楚，綠色殯葬政策的依據就是其中的一個例子。問題是，越沒交代清楚就越容易產生爭論，也越不容易產生效果。所以，為了確實瞭解綠色殯葬背後的依據，本文以「省思綠色殯葬政策背後的依據」作為探討的題目。

首先，本文探討綠色殯葬的依據，瞭解此一依據不全然是來自環保潮流的影響，也有我們自己過去文化傳統對環境保護的風水想法。其次，對此一政策依據進行反省。經過反省的結果，本文發現這樣的依據不但有經驗上的證據，也有邏輯上的證據，只是這樣的證據都不是那麼地充分完備。那麼，要如何做才能夠充分完備？對此，本文除了提出儒家與道家對於自然的理解作為補充外，還提出意義的賦予作為節葬與潔葬的補充。

關鍵詞：綠色殯葬、民俗風水、環境風水、大地有機自然觀

一、前言

理論上來說，每一個政策的訂定都應該有它的未來性。如果沒有未來性，那麼這個政策通常不會被訂定出來。現在既然它被訂定出來，那就表示它應該要有未來性。可是，事實如何？是否一定如此？其實，我們也不清楚。如果要清楚，那麼一般只有等到未來才知道。也就是說，經驗上的驗證才是獲得答案的最後標準。問題是，等到那個時候會不會為時已晚？因為，如果答案是肯定的，那就沒有問題。萬一答案是否定的，那麼這樣的後果要怎麼收拾？說真的，實在很令人傷腦筋。因此，為了避免這樣的困擾，在政策推出之前，是需要先做可行性的評估。但是，不是所有的政策都可以進行這樣的評估。例如對於不太瞭解的新的趨勢，我們就很難進行這樣的評估。如果要評估，那麼也要等到相關知識比較明朗的時候，這時的評估就會比較準確。然而，這時的評估就很難再叫做可行性評估，只能稱為政策的檢討。話雖如此，有做總比沒做好。畢竟錯誤的政策要比貪污更可怕。因為，它不只影響現在，更影響未來。所以，需要我們進一步的檢討和導正。

根據這樣的認知，我們對綠色殯葬政策提出相關的反省。那麼，在反省之前，我們需要先交代為什麼要以綠色殯葬政策作為反省的對象？難道在政策提出之前，政府主管機關沒有做過可行性評估的研究？從過去政府的研究案來看，政府主管機關確實沒有做過類似的研究。既然如此，那麼為什麼政府主管機關還要提出這樣的政策？其中，理由何在？就我們所知，主要是來自學者的建議。在此之前，曾有學者做過綠色殯葬的研究，也曾經出版過類似的書籍[1]。就是基於這樣的研究成果，政府主管機關才會

[1] 請參見黃有志、鄧文龍合著（2002），《環保自然葬概論》。高雄市：黃有志自版，自

認為這樣政策的提出是沒有問題的。否則，在沒有任何依據的情況下，貿然提出新的政策，是會遭受社會的質疑。

這麼說來，此一政策的提出是有學術研究的依據。不過，有學術研究的依據是一回事，這樣的依據到底充不充分則是另外一回事。如果這樣的依據是充分的，那麼所提出的政策就比較不會有問題。如果這樣的依據不夠充分，那麼所提出的政策就比較會有問題。因此，依據的充分與否，對政策的好壞具有決定性的影響。那麼，此一政策的依據到底充不充分？對於這個問題，需要我們進一步反省。在還沒有反省之前，無論我們下什麼樣的判斷都嫌草率。

那麼，此一政策的依據到底充不充分？在此，我們需要先瞭解什麼叫做充不充分？如果我們根本就不瞭解充不充分的判斷標準，那麼這樣的判斷就會遭受質疑。因為，沒有標準的判斷只是一種任意的判斷。無論這樣判斷的結果是充分或不充分，都無法令人信服。因此，為了讓人信服，我們需要提出一個合理的判斷標準。那麼，這個判斷標準是什麼？一般而言，這個判斷標準可以是經驗的標準，也可以是邏輯的標準。

如果是經驗的標準，那麼我們第一個要問的問題就是，此一政策的提出有無過去的經驗作為依據？如果有，那就表示此一政策的提出不是隨意提出，而是有所本的。如果沒有，那就表示這樣政策的提出是無中生有，沒有任何經驗的依據。除了這個問題之外，我們第二個要提出的問題就是，這樣的經驗是成功的經驗還是失敗的經驗？如果是成功的經驗，那麼這樣的依據就沒有問題。如果是失敗的經驗，那麼這樣的依據就會有問題。

如果是邏輯的標準，那麼我們第一個要問的問題就是，此一政策的提出到底合理不合理？如果是合理的，那麼此一政策的提出就沒有問題。如果是不合理的，那麼此一政策的提出就有問題。除了這個問題之外，我們第二個要問的問題就是，此一政策的提出理由完不完備？如果完備，那麼

序頁2。

這樣的理由就沒有問題。如果不完備，那麼這樣的理由就有問題。

在瞭解判斷的標準之後，我們可以進一步反省此一政策的依據。不過，在反省之前，我們需要先弄清楚此一政策的依據是什麼？如果在沒有弄清楚此一政策的依據是什麼之前就任意下判斷，那麼這樣的判斷就不可能是相應的判斷。因此，為了做一個合適的判斷，我們需要先弄清楚此一政策的依據是什麼？之後，就算有什麼需要建議改進的，我們也才能提出合適的建言。否則，在不相應的情況下，一切都只是空談。

二、綠色殯葬政策的依據

那麼，此一政策的依據是什麼？如果只從表面來看，環保潮流的答案應該就是想當然耳的答案。我們之所以會出現這樣的答案，不是我們想要有這樣的答案，而是受到西方的綠色殯葬是和環保潮流連結在一起的影響。在西方，如果不是受到環保潮流的影響，那麼綠色殯葬也不可能被提出。所以，在這種情況下，我們認為環保潮流就是此一政策提出的依據也是理所當然的。不過，這樣的作為畢竟只是一種推測，還需要相關的證據作為佐證。那麼，這樣的佐證資料要到哪裡去找？一般而言，可以在政府制定的法條當中去找。因為，政府的政策通常會落實在法條當中。因此，我們可以從「殯葬管理條例」著手。根據「殯葬管理條例」第一章總則第一條的內容，「為促進殯葬設施符合環保並永續經營……特制定本條例」[2]，表示此一政策的提出果然和環保的潮流有關。

可是，環保潮流雖然是世界的潮流，卻是來自西方的潮流。因此，在瞭解上是否就要根據西方的標準？如果是，那麼這樣的瞭解就沒有問題。如果不是，那麼這樣的瞭解會不會不相應？在不相應的情況下，這樣的瞭

[2] 請參見內政部編印（2004），《殯葬管理法令彙編》。臺北：內政部，頁1。

解會不會只是一種誤解或錯解？如果是這樣，那麼在反省時這樣的反省就會有所偏差，難以出現相應客觀的反省。所以，為了反省的相應客觀性，我們需要從西方的角度來瞭解環保潮流的意義。

那麼，西方人是怎麼瞭解環保潮流的意義？對他們而言，環保潮流的出現是有特定的背景。如果不是這個背景，那麼西方也不見得就會出現環保的潮流。那麼，這個背景是什麼？一般而言，這個背景就是工業革命的背景[3]。在這個背景下，人們認為自己有能力可以征服自然。所以，就不斷地開發自然，也不管這樣的開發對自然會不會造成很大的影響，甚至於產生破壞的後果。直到有一天，這樣的開發造成自然的反撲，人們開始覺察到這樣的破壞會影響自己生存的環境。這時，人們開始思考要不要繼續這樣的開發，還是改弦易轍，讓環境有休養生息的機會？就是這種思考的轉向，讓環保潮流成為這個時代的主要潮流。

一開始，這個潮流的出現只是針對與工業革命有關的部分。後來，人們發現只有這樣的針對還不夠。因為，不管生活的任何領域或多或少都和工業革命有關。因此，針對的範圍不斷擴大，以至於最後擴及到人類的一切。在這種趨勢下，殯葬業也難逃配合的命運。畢竟，殯葬業也是世界村的一員。在世界同一家的理念下，殯葬業就提出綠色殯葬的作為以為回應。就這樣，在不知不覺當中殯葬業也跟上了世界的潮流。

對政府而言，它不可能對這樣的潮流完全沒有反應。可是，要怎麼反應才不會有問題是需要進一步思考的。這時，它發現困擾已久的土地利用問題或許有機會可以解決。於是，它就根據這樣的潮流提出綠色殯葬的政策，認為藉由這樣的作為一方面可以解決困擾已久的土地利用問題，一方面又可以配合世界潮流提出一個符合時代要求的政策。

為了更清楚上述的回應做法，我們需要回到我們自己的殯葬背景。對政府而言，過去的殯葬一直有個困擾的問題，就是土地利用的問題。早期

---

[3] 請參見王曾才著（2015），《世界通史》。臺北：三民書局，頁447。

在土葬的年代，土葬的作為不但浪費土地，還破壞環境的景觀，使得好的環境不能為活人好好利用。到了後來火化塔葬的年代，這個問題雖然獲得某種程度的改善，但是仍然困擾著政府。因為，納骨塔的設置依然要用到土地，也對環境產生負面的影響。所以，要如何解決這個問題一直讓政府傷透腦筋。

現在，在環保潮流的要求下，保護環境成為普世的價值。因此，政府就利用這一次機會解決上述的困擾。從學術研究的角度來看，問題的關鍵就在於風水的觀念。如果不改變這種風水的觀念，那麼土地利用與環境破壞的問題就永遠不可能解決[4]。所以，只要成功改變這種風水的觀念，那麼上述的困擾自可迎刃而解。依此，我們先要瞭解這種風水的觀念。那麼，這種風水的觀念是一種怎麼樣的觀念？根據學者的研究，這種風水的觀念就是民俗風水的觀念。在一般人的認知當中，這種風水觀念會告訴他們如何透過葬地的選擇來趨吉避凶？只要葬地選擇對了，選到好的風水，那麼這一生的富貴就有保障。如果葬地選擇錯誤，選到不好的風水，那麼這一生的富貴就會成為問題[5]。

可是，人的一生是否富貴是很複雜的問題，怎麼可能只由葬地風水的好壞就決定了呢？於是，過去有人就提出了許多的證據來批判，認為這樣的說法是不成立的[6]。到了現代，更有人從科學的觀點加以辯駁，認為這樣的風水觀點只是一種沒有科學根據的迷信，完全不值得信賴[7]。這麼說來，上述的風水觀念是否只是一種純粹的迷信，完全沒有科學的根據？所以，只是一種無稽之談。對此，有人反對這種全盤否定的態度，認為過去的風水觀念還是有它的價值。現在之所以有問題，是因為後人誤解風水觀念的結果，並非風水觀念本來就有問題。經過這樣的釐清，風水觀念回到最初

[4] 同註 1，頁 38-40。
[5] 同註 1，頁 93。
[6] 同註 1，頁 73-74。
[7] 同註 1，頁 83。

的意義，就是尋求理想生存環境的方法。如此一來，風水不再追求富貴，自然也就不會破壞環境，而可以成為保護環境的新方法[8]。

那麼，這種新的風水觀念應該如何瞭解才合適？是否可以從西方的角度加以瞭解？對於這個問題，相關的研究並沒有說明。不過，就我們所知，這樣的瞭解是需要分辨的。因為，西方的環保觀念有西方的瞭解，而我們的風水觀念則有我們東方的瞭解。因此，如果要給予相應的瞭解，那麼就必須進一步深入環保觀念的背後，看新的風水觀念和西方的環保觀念有何差異？

就西方的環保觀念而言，它是立基於工業革命對環境的破壞，認為只要不再繼續破壞環境，那麼環境自然就會逐漸恢復到適合人居的狀態。所以，它是立足於現象的層面，認為只要改變作為即可。可是，這樣的反省夠不夠？如果只是作為的問題，那麼這種針對作為的反省當然就沒有問題。但是，如果不只是作為的問題，而是心態和基本觀念的問題，那麼這樣的反省就不夠。到時，不但沒有辦法解決問題，反而會衍生出更多的問題。

對我們而言，這樣的結局是有出現的可能。因為，西方的環保是立基於科學的背景。對科學而言，環境只是一個被研究與利用的對象。因此，既然只是被研究與利用的對象，那麼當然要聽命於人類，由人類來決定它們的命運。對於這種對待的態度，過去認為是一種征服的態度[9]。當人類征服順利的時候，人類就大舉開發自然。當人類征服不順利的時候，人類就暫時退卻下來，等待下一次的機會。所以，為了徹底化解這種對立的狀態，讓人類與自然有另外一種相處的模式，我們需要提出新的環保觀點，也就是所謂的「大地有機自然觀」[10]。

那麼，什麼是「大地有機自然觀」？為什麼這樣的自然觀就不會和自

---

[8] 同註 1，頁 111。

[9] 同註 1，頁 114。

[10] 同註 1，頁 118、115、123-124。

然有所衝突，可以和自然合為一體？這是因為這種自然觀不以征服自然作為目標，也不把自然看成純粹的物質體。相反地，它認為自然是具有靈性的存在，是人類生命的根源。既然是人類生命的根源，那就表示人類是自然所生，屬於自然的一部分，不是什麼特殊的存在。在存在不特別的情況下，人就必須平等對待自然，不能再把自然當成自己征服的對象。如此一來，人和自然就可以和諧共存，不在是衝突對立的狀態。這樣的觀點其實就是中國古代的宇宙觀，認為「人是自然組成的部分，自然界與人是平等的，而且認為天地運動往來直接與人有關，即人與自然是密不可分的有機整體」[11]。

如果人與自然的關係是這樣，那麼這樣的關係就不能是人類中心論的觀點。因為人類中心論的觀點會讓自然不再是自然，而成為人類可以任意改造的場所。同樣地，這樣的關係也不能是自然至上論的觀點。因為，自然至上論的觀點會讓自然成為一切，人類在此無所作為，只是自然的附屬存在。唯一能夠適切表達這種關係的觀點就是調和論的觀點。因為，只有這種觀點才能平等對待所有的自然存在，認為各有各的存在價值，需要相互尊重，和諧共存[12]。

可是，要怎麼做才能達成這樣的目標？首先，就是要深入體會人與自然的一體性，確實尊重自然，不再對自然抱持征服的態度，破壞自然；其次，再從這樣的體會中尋找自然的規律，從自然的律動中歸結出自然的法則；最後，再依據這樣的法則發展人類與自然，讓自然可以在人類的發展中獲得更進一步的成全。只要我們採取這樣的發展模式，那麼在這樣的發展中自然就不會受到破壞，而可以獲得進一步的完成[13]。

那麼，這樣發展的具體做法是什麼？在此，節葬與潔葬就是具體的做

[11] 同註 1，頁 113。
[12] 同註 1，頁 117。
[13] 同註 1，頁 115-117。

法[14]。所謂的節葬，從字面意思來看，就是節省的意思。那麼，在殯葬上的節省指的是什麼？簡單來說，就是避免資源的浪費[15]。例如埋葬用地越少越好；殯葬用品最好能夠循環使用；陪葬品越少越好。所謂的潔葬，從字面的意思來看，就是乾淨的意思。那麼，在殯葬上的乾淨指的是什麼？簡單來說，就是衛生整潔。例如不要焚燒紙錢造成空氣污染；遺體處理不要污染環境；墓園設計不要破壞景觀。

三、對上述政策依據的反省

在瞭解綠色殯葬政策的依據之後，我們根據上述的經驗和邏輯的標準加以反省，看此一政策的依據是否充分？首先，我們從經驗的角度來看。關於上述政策的提出，是出自政府的突發奇想，還是有其他地區的經驗可供參考？就我們所知，此一政策的提出不是突發奇想的結果，而是真的有所本。也就是說，在我們推動綠色殯葬之前，其他地區已經先行推動。在此，我們可以看到的先例，除了中國大陸以外，還包括歐、美、日、韓、紐、澳在內。由此可見，此一政策的提出不是任意的，而是經過許多地區的考察才決定的。

不過，只提出其他地區的經驗還不夠。因為，只有其他地區的經驗並不表示這樣的經驗就是成功的。如果這樣的經驗不是成功的，那麼就算出現的再多，這樣的不成功也會讓政府無法很有信心的推動。因此，我們需要找到一些成功的經驗。可惜的是，我們想歸想，實際上卻很難。最主要的原因在於綠色殯葬的推出並沒有很久。在時間不夠久的情況下，我們很難看出這樣的經驗是否成功？既然如此，那麼我們就不能說這樣的政策提

---

[14] 同註1，頁50、51、56、173、179、195。

[15] 同註1，頁131。

出是基於很充分的理由。然而，就算是這樣，許多地區的推動還是會讓我們覺察到這樣的殯葬政策應該是時勢所趨。唯一欠缺的，就是需要讓時間證明這樣的政策推動是正確的。

如果經驗上還沒有辦法找到成功的經驗來佐證這樣的依據是充分的，那麼我們還可以從邏輯上試著看這樣的依據是否充分？在此，我們先看這樣的依據到底合不合理？如果合理，那麼這樣的依據就沒有問題。如果不合理，那麼這樣的依據就有問題。根據上述的討論，這樣的依據是「大地有機自然觀」。那麼，這樣的觀點有沒有矛盾？就我們所知，這樣的觀點應該沒有矛盾。因為，這樣的觀點認為人與自然的關係不應該是對立的，而是一體的。就我們的經驗而言，我們確實是生存在自然當中。就算我們要脫離自然，其實也不太可能。過去，我們之所以能夠做得好像我們在自然之外，其實只是一種理性運作的結果，並不是真的可以抽離在自然之外。因此，人在自然之中，與自然一體，這樣的觀點並沒有矛盾之處。

此外，人要平等對待自然的一切。關於這一點，也沒有矛盾之處。雖然過去曾有人為萬物之靈的說法，彷彿人在萬物之上。因此，在對待萬物上，人似乎是萬物的管理者。所以，人和萬物的地位是不平等的。可是，萬物之靈可以有兩種不同的理解。如果我們從存在價值更高的角度來理解，那麼這樣的人和萬物是不可能平等的，更不可能相互尊重。如果我們從自覺的角度來理解，那就表示人比萬物更多的只是一種自覺的靈性，並不是存在價值上的不同。這樣理解的結果，那麼人自然可平等對待萬物，也可以尊重萬物。這麼一來，人平等對待自然一切的說法就不會有矛盾出現。

這麼說來，「大地有機自然觀」是合理的。表面看來，確實是如此。因為，根據上述的反省，這樣觀點的內容的確沒有問題。不過，只有這樣的反省還不夠。因為，大地有機自然觀的有機到底指的是什麼？其實，嚴格說來，並不是很清楚。之所以如此，是因為西方也有有機的說法[16]。只是有機是否只是一種生命的現象，表示彼此之間的關係不是機械式的關係，而是相互作用所構成的整體關係？還是在這些現象背後有一個實體，作為支撐這些現象的存在？對此，需要我們做進一步的澄清。

那麼，大地有機自然觀中的有機指的是什麼？就我們所知，它指的是一種靈性的存在[17]。如果是靈性的存在，那就表示這樣的有機就不只是一種物質的存在。如果它只是物質的存在，那麼這樣的存在就不可能是有機的，而只能是機械的。現在，它既然是有機的，那就表示這樣的存在是超越物質的。可是，所謂的超越物質指的又是什麼？就我們所知，這樣的存在就是一種天人相類的存在，表示這樣的存在是一種生命的存在[18]。如果是這樣，那麼在生命性的理解下，這樣的有機就是合理的，沒有任何的矛盾。

在反省過觀點部分的合理性之後，我們進一步反省具體做法的合理性。那麼，節葬與潔葬的做法有沒有矛盾之處？表面看來，這兩種做法都沒有矛盾。因為，不要浪費資源的做法確實是環保的要求。如果我們浪費資源，那麼在浪費當中就會破壞環境，自然就不環保。可是，如果我們不浪費資源，那麼在不浪費當中，自然就符合環保的要求。同樣地，在潔葬方面也是一樣。如果我們顧慮衛生整潔的問題，那麼對環境就不會造成污染，自然也就符合環保的要求。如果我們不管殯葬處理的衛生整潔問題，那麼對環境就會帶來污染，自然也就沒有符合環保的要求。所以，從這兩種做法來看，它們都是合理而沒有矛盾的。

不過，除了理由合不合理的反省外，還有理由完不完備的反省。以下，我們一樣分成觀點與做法兩部分來看。就觀點的部分而言，大地有機自然

---

[16] 請參見布魯格編著、項退結編譯（1976），《西洋哲學辭典》。臺北：國立編譯館，頁239-240、303-304。

[17] 同註1，頁124。

[18] 同註1，頁124。

觀是否足以支撐綠色殯葬的政策，是需要進一步的反省。表面看來，這樣的支撐似乎沒有問題。因為，大地有機自然觀強調的是人與自然的一體。在一體的情況下，人不是外在於自然的存在。因此，當人要有所作為的時候，自然會把自己看成是自然的一部分，不會想要去破壞自然。基於這樣的思考，大地有機自然觀似乎足以支撐綠色殯葬的政策。

問題是，在中國哲學當中，這樣的自然有機觀有兩種：一種是儒家的觀點；一種是道家的觀點。基本上，前者是道德取向[19]，後者是境界取向[20]。這兩種取向不同，所以做法也不同。例如前者強調參天地、贊化育的重要性；後者則強調順應自然的重要性。那麼，到底哪一種取向是政府要的取向？在此，需要進一步的釐清。否則，在不清楚的情況下，是會影響後續的做法。

其次，就做法的部分而言，節葬與潔葬是否足以支撐綠色殯葬的政策？表面看來，似乎也沒有問題。因為，節葬與潔葬的目的就是避免破壞環境。可是，只有避免破壞環境就足以支撐綠色殯葬嗎？如果是這樣，那麼改善現有的土葬與火化進塔的做法是否也可以達成這個目標？如果可以，那麼綠色殯葬就不見得是符合環保要求的唯一選擇。由此可見，只有節葬與潔葬是不足以支撐綠色殯葬的政策，它還需要更進一步的理由。

四、可能的解決建議

從上述的反省來看，政府提出綠色殯葬的政策是有根有據的。可是，這樣的有根有據並不保證這樣的提出就是合理完備的。實際上，無論在觀點的部分還是做法的部分，這樣的提出還是有調整的空間。之所以如此，

[19] 請參見牟宗三著（1983），《中國哲學十九講》。臺北：臺灣學生書局，頁 82。
[20] 同註 19，頁 103-107。

是因為這樣的提出並沒有經過充分的省思。雖然它有學者的研究作為背書，但是這樣的背書還是有其時空上的限制。至今，我們可以更清楚相關的限制。以下，我們提出進一步的改善建議。

首先，就觀點的部分來看。「大地有機自然觀」確實是相應於環保要求的觀點，但是相應是一回事，相應中是否還有分歧卻是另外一回事。從前面的反省可知，這樣的有機自然觀有兩種可能的理解：一種是儒家的道德理解，一種是道家的境界理解。那麼，這兩種理解會有什麼不同的影響？如果我們選擇儒家的道德理解，那麼對於自然就不會採取順應的做法，而會採取參天地贊化育的做法。如果我們選擇道家的境界理解，那麼對於自然就不會採取參天地贊化育的做法，而會採取順應的做法。由此可見，對有機自然觀的不同理解是會影響我們對待自然的做法。

如果是這樣，那麼我們應該選擇哪一種理解呢？如果按照現在政府推動的方式，那麼我們應該選擇的就是道家的理解。因為，道家的莊子很明顯的有綠色殯葬的影子，而且還有相關的具體作為[21]。可是，如果我們真的選擇道家的理解，那麼這種具體的作為卻又會讓我們覺得很困擾。因為，這樣的作為似乎又是一種不處理的作為。在不處理的情況下，我們似乎很難說這樣的殯葬作為就是綠色殯葬的作為。

基於這樣的困擾，如果我們選擇儒家的理解，那麼在參天地贊化育的作為下，上述的困擾就可以解消。不過，在解消的情況下，我們對於儒家的理解還是需要進一步轉化。因為，過去我們認為儒家就是土葬的堅決支持者。因此，儒家是反對綠色殯葬的。如果我們現在要儒家成為綠色殯葬的支持者，那麼就必須轉化這樣的理解，認為過去的理解是錯誤的。正如風水觀念有兩種不同的理解：一種是民俗風水的理解；一種是環境風水的理解。只要揚棄錯誤的理解回歸正確的理解，那麼風水觀念也可以成為綠

---

[21] 請參見尉遲淦著（2007），〈論莊子的生死觀〉，《第 27 次中國學國際學術大會論文集》。首爾：韓國中國學會，頁 337-338。

色殯葬的支持力量。

其次，就做法的部分來看。根據上述的反省，節葬與潔葬是推動綠色殯葬的方法。如果我們不注意資源浪費的問題和衛生整潔的問題，那麼環境就會很容易受到破壞。如果我們不希望這樣，認為破壞環境是不好的，那麼就必須注意資源浪費的問題和衛生整潔的問題。所以，節葬和潔葬的做法似乎是滿符合綠色殯葬需求的方法。

可是，在此我們也看到了問題。的確，節葬和潔葬的做法確實是符合環保的要求，但是殯葬不只是客觀地處理遺體，它還包含生死安頓的問題。如果我們只是強調節葬和潔葬，那麼最簡單的做法就是把遺體看成廢棄物來處理。經過這樣的處理之後，遺體就不會對環境造成破壞。相反地，它還可以因著資源回收再利用的可能而增加遺體的社會價值。問題是，這樣的處理方式不是我們所要的。實際上，我們要的是人的處理方式，讓亡者走得有尊嚴。因此，在節葬與潔葬之外，我們還需要增加安頓人心的因素。

那麼，這樣的因素是什麼？就我們所知，這樣的因素就是人的意義的參與。如果沒有人的意義的參與，那麼嚴格說來，所謂的綠色殯葬其實就沒有太大的意義。因為，對於沒有用的廢棄物用什麼方式處理都可以。今天，我們之所以選擇綠色殯葬，不是因為綠色殯葬比較特別，而是綠色殯葬可以滿足我們心靈中的環保需求，讓我們覺得在選擇當中實踐了我們對於大地的回饋，使我們的回歸成為一種有價值的回歸。如果不是這樣，那麼這樣的選擇就不能產生安頓的效用。因為，我們對大地什麼回饋都沒有，只是白白的回歸。

五、結語

經過上述的探討，我們對於政府之所以提出綠色殯葬的政策應該有了更清楚的瞭解。同時，對於這樣推動的依據也有更清楚的認識。最後，我們做一個簡單的結語。

對政府而言，綠色殯葬政策的提出除了順應世界的環保潮流之外，更重要的是，解決土地利用的問題。不過，此一政策的提出是否真能解決問題，成為我們安頓生死的殯葬作為，其實並不清楚。因此，為了確實清楚這樣政策的提出是否真的沒有問題，我們需要對政策的依據做一反省。

對此，我們有兩種反省的標準：第一種就是經驗的標準；第二種就是邏輯的標準。就第一種標準而言，綠色殯葬的政策不是無的放矢的政策，而是有所本的政策。只是這樣的政策，在今天還找不到一個全然成功的案例。雖然如此，並不表示這樣的政策推動就是不可行的。實際上，從全球各地對於綠色殯葬的參與，我們就會發現這樣的政策推動是時勢所趨，是值得一試的。

就第二種標準而言，綠色殯葬雖然是來自西方的殯葬做法，但是不表示我們就要和西方一樣，只能有一種理解方式。實際上，我們可以有我們自己的理解方式。因為，西方強調的是工業革命所帶來的對環境的破壞，而我們強調的則是風水觀念所帶來的濫葬問題。因此，在問題的解決上，西方認為只要不要繼續破壞環境就可以解決問題，而我們認為只要改變風水的觀念就可以解決環境破壞的問題。

那麼，風水觀念要怎麼調整？在此，就需要區分民俗風水和環境風水。只要我們從環境風水來瞭解風水的觀念，那麼環境破壞的問題就可以解決。其中，主要的理由在於環境風水背後隱藏的思想是「大地有機自然觀」，它不會把自然看成是需要征服的對象，而是看成人類生命的來源。經由這種一體的認知，人就可以平等對待自然。如此一來，人與自然就可以在平等對待中協同發展，和諧共存。為了達成這個目標，政府採取節葬與潔葬的做法。

可是，這樣的構想是正確的嗎？有沒有其他的問題？經過反省的檢討，我們發現這樣的構想基本上沒有問題。因為，它在理由的提供上並沒有違反環保的要求。話雖如此，這不表示這樣的理由提供就是完備的。實際上，這樣的理由提供是有一些問題存在。例如大地有機自然觀的理解就有兩種，如果我們沒有弄清楚，那麼在運作上就會出現一些扞格的地方。所以，弄清楚是很重要的事情。經由我們的反省，儒家的理解比道家的理解可能更適合我們。

至於落實綠色殯葬的做法，節葬與潔葬其實不是一個完備的做法。如果我們不希望死得有如廢棄物、處理得有如廢棄物，那麼就必須加上意義的部分。因為，只有意義的賦予才能為綠色殯葬帶來安頓生死的效果。否則，在單純的節葬與潔葬的作為下，我們是很難有價值的回歸自然。

參考書目

王曾才著（2015），《世界通史》。臺北：三民書局。

內政部編印（2004），《殯葬管理法令彙編》。臺北：內政部。

布魯格編著、項退結編譯（1976），《西洋哲學辭典》。臺北：國立編譯館。

牟宗三著（1983），《中國哲學十九講》。臺北：臺灣學生書局。

尉遲淦著（2007），〈論莊子的生死觀〉，《第 27 次中國學國際學術大會論文集》。首爾：韓國中國學會。

黃有志、鄧文龍合著（2002），《環保自然葬概論》。高雄市：黃有志自版。

先秦儒家喪葬思想對當代喪葬問題的反思

摘 要

喪葬問題的化解需要深入到文化層面。傳統禮俗背後的思想正是我們要思考的重點。在當代喪葬問題解決的限度中，我們發現儒家思想雖然對於現世的生命有很好的道德安頓，但是對於死後生命的道德安頓過於簡單，因此而讓傳統禮俗開始與宗教合流，成為具有做七佛教儀式與做旬道教儀式的禮俗。

從三年之喪的探討中，我們發現儒家對於喪葬問題的處理係按照「禮」的道德原則來處理。不過，這種處理基本上是有主體層面與客觀層面的分別。在當代喪葬問題的解答中，我們發現政府對於喪葬問題的處理過於強調客觀的層面，所以才會採取簡化的做法。然而，政府忘記的是，喪葬問題的處理應該以主體層面為主。因為，只有深入人們的內心中，喪葬處理才有真實的道德意義。否則，所有的處理都只是一種社會規定而已，對於當事人並沒有深切感受的意義。

我們還發現「先秦喪葬思想研究」的另外一個價值，那就是傳統禮俗不只是一種純粹操作的禮俗，它還具有思想的深度。根據我們的研究，這樣的傳統禮俗是來自於儒家道德思想的規範。因此，整個傳統禮俗的操作是有其道德系統的背景。只要我們能夠深入這個道德系統的背景，那麼我們的傳統禮俗就能恢復其應有的道德境界。

關鍵詞：先秦儒家、喪葬思想、殯葬改革、傳統禮俗

一、當代喪葬問題的由來

在一般人的印象當中，臺灣的殯葬改革似乎是受到生死學盛行影響的結果。事實上，在此之前臺灣已經有人提出殯葬改革的呼籲。只是這種改革的重點，最初主要是集中在當時一些殯葬亂象的導正上，並沒有真正深入現象的背後，詳細完整地反省整個亂象之所以產生的原因，以及如何徹底解決之道。

例如政府於 1976 年公墓公園化政策的提出，其目的即在於導正人們埋葬遺體時所產生的亂象[1]。當時，一般人往往是根據自己家族的需要而任意埋葬遺體，因此而形成了濫葬與亂葬的問題。面對此般殯葬亂象，當時臺灣省主席謝東閔認為有礙國家觀瞻，於是提出公墓公園化的政策，著手解決濫葬、亂葬的問題。

又如 1983 年，政府更進一步透過「墳墓設置管理條例」法律的制定來落實公墓公園化的政策。在此法律中，政府對於墳墓的設置提出了相當完整的規範。不僅對墳墓的設置有了明確的規定，並有相關的罰則作為配套措施，希望藉著這樣的規範徹底解決濫葬、亂葬的問題。同時，也開始關注火化塔葬的問題[2]。

這些殯葬亂象問題，當時經過「墳墓設置管理條例」的規範確實得到了某種程度的解決。不過，隨著都市的發展、人口的增加，讓殯葬亂象又進入產生土地利用問題的另一個新階段。過去，墳墓濫葬、亂葬的現象屬於觀感上的問題。只要把墳墓的埋葬秩序妥善建立，觀感問題即可得到有效解決。然而，土地利用的問題並非觀感而是經濟效益的問題。因此，為

---

[1] 黃有志、尉遲淦、鄧文龍（1998），《殯葬設施公辦民營化可行性之研究》。臺北：內政部民政司，頁 14。

[2] 同註 1，頁 24-26。

了解決死人與活人爭地的問題，政府在 1989 年於是極力推動火化塔葬的政策，希望藉著塔葬的空間縮小化來解決死人與活人爭地的問題。

雖然政府藉著上述殯葬亂象問題的解決來因應該問題，但是這樣的解決之道仍猶不足。因為，有關殯葬亂象並非單一「葬」的亂象，另存在著「殯」的亂象問題。如果我們僅把解決問題的重點放在「葬」的部分，那麼整個殯葬亂象問題的解決必然無終了之日。因此，為了徹底解決殯葬亂象的狀況，我們在解決了葬的亂象問題之後即當將重點轉向「殯」的亂象問題解決之道。

關於此點，政府於 1991 年以前即意識到這個問題的存在，認為殯之亂源在於沒有統一的禮儀規範，只要制定一套禮儀規範，一般人自然會按照規範去辦理喪葬事宜，屆時殯的亂象問題自然可以消弭於無形。因此而進一步提出「國民禮儀範例」的修訂版本，希望藉著這個範例的出現，讓一般人在治喪時可以作為殯葬遵行的依據。

不過，徒法不足以自行，政府也意識到單有「國民禮儀範例」的規範仍猶不足，還需要有人去具體落實。因此，政府乃積極增設並推動公設司儀的制度，希望藉著公設司儀的設立，讓「國民禮儀範例」能夠成為一般人治喪的行為規範，藉此解決現代有關殯的亂象問題。

遺憾的是，實際執行的結果卻未如預期。之所以如此，實肇因於當時整個社會治喪潮流的轉變。因為，過去治喪的主導權確實是掌握在司儀手中。然而，1991 年之後，整個治喪的主導權卻逐漸從司儀的手中轉向土公仔的手中。因此，公設司儀制度也就因此失去著力點，連帶著「國民禮儀範例」也無法順利推動。

當此之時，肇始於 1993 年的生死學思潮亦逐漸產生廣泛的影響力，讓一般人開始正視自己的生死大事，覺察到自己的生死可由自己去面對，無須他人越俎代庖。在這股正視個人生死風潮的影響下，1997 年全國第一個探討生死課題的研究所南華管理學院（即現今的南華大學）生死學研究所正式成立。由於這個研究所著重於生死問題的探討，最初並未把重心關注殯葬議題之研究至為可惜。直到 1998 年，受到「哲學、生死與宗教」國際學術研討會的辦理與殯葬管理課程開課的影響，該所的發展重心方轉向於殯葬的議題，並進一步關注於殯葬的實務課題，與殯葬業因此而有了較為密切的互動。在此學術領導實務的期許下，當時社會對於殯葬改革的推動與方向方逐漸產生推波助瀾的效果。

迨至 2002 年，政府重新檢討殯葬亂象的問題，認為要改善殯葬亂象的問題，不能只停留在政策面與執行面上，必須進入法律層面的思考。唯有透過法律的強制規定，整個殯葬亂象的問題才有徹底解決的可能。於是乎，在參酌時代環保與個人尊嚴要求之後，政府訂定了「殯葬管理條例」。該項條例除了規範有關葬的設施與作為外，更進一步規範了殯的行為，希望藉由這種規範的方式，能夠從符合時代要求的角度來處理殯葬亂象的問題。經由這種處理的結果，顯示政府已從對葬的亂象問題的關注，轉向殯的亂象問題的重視，認為只有同時解決葬與殯的問題，整個殯葬亂象的問題才有徹底解決的可能。

即是，「殯葬管理條例」究竟是以何種方式落實於上述時代有關環保與個人尊嚴的要求？簡言之，即是透過簡潔化的政策引導來落實解決殯葬亂象的問題[3]。例如在殯的方面，過去由於禮俗的繁複要求，使得殯的執行與花費甚高，往往一場喪事不僅勞師動眾、人仰馬翻，甚至於喪事過後負債纍纍。為了改善這種不合時宜的殯葬作為，政府認為簡潔的政策有助於一般人辦理一場沒有繁文縟節的喪禮，不但可以讓整個殯的作為符合時代的環保要求，也可以讓家屬和親友不至於受到喪事辦理的過度困擾。

同樣地，在葬的方面，過去由於土葬的要求，使得葬的作為造成社會不良觀感與土地不當利用的問題，導致葬的設施成為人人嫌惡的鄰避設

[3] 關於這種殯葬簡潔化的看法，黃有志早在「殯葬管理條例」公布前就有類似的看法。請參見黃有志（2002），《殯葬改革概論》。高雄：黃有志自版，頁 83-89。

施。其後雖有了火化塔葬的作為，但是對於上述問題的解決並無太大的助益。現在為了進一步解決問題，政府認為簡葬的政策可以有效改變處境，只要一般人支持火化的做法，並配合轉向環保自然葬的新時代作為，未來葬的問題即可在不占空間的海葬或融入自然的樹葬、花葬的協助下獲得真正的解決。

雖然政府堅信簡潔的政策是殯葬的未來趨勢，是現代人應建立的殯葬共識，但是實際推行的結果並沒有預期的順利。相反地，我們發現這種推動的結果是口號多於行動，成效不彰。何以至此？是因時間不足以讓整個政策發酵的結果所致，還是另有其因呢？對於此問題，有待我們進一步的瞭解。

不過，有一點可以確定的是，在整個推動的過程中，我們隨時感受到有來自於情緒性反應與文化面反彈的抗拒壓力。持平論之，如果僅是來自於情緒性的反應，透過觀念層面的疏導當足以消解該項反彈。然而，若反彈並非情緒性的反應，而是來自於文化層面的反應，顯然徒具觀念上的疏導不足以成事。因為，觀念的疏導來自於觀念上的不瞭解。只要把觀念說清楚，問題自然得以迎刃而解。但是如果是觀念的相異，徒有疏導難以畢竟其功。除非我們可以說服對方，讓對方改變現有觀念，否則此種反彈難以化解。所以，為了解決這樣的衝突，我們需要進一步探討觀念層面的問題，看哪一種觀念才是適合我們今天的需要？

二、傳統的啟發

表面看來，只要是符合時代要求的改變即是這個時代應該選擇的觀念與做法。然而，對我們而言，實際上的答案並非如此。因為殯葬改革畢竟不同於一般的改革。就一般的改革而言，只要我們的作為與時代有所脫節，在經過一段時間的調整之後，這樣的改革即會成功。但是，殯葬改革卻迥異於此。因為，在殯葬的改革當中，我們並不清楚時代的要求是否正確。如果時代的要求正確，我們配合其要求進行改革即有成功的可能。若否，縱然配合時代的要求進行改革，依然無法解決問題。因此，除非我們能夠證明時代的要求是正確的，否則要推動這樣的改革有其困難度。

那麼，要如何做才能證明時代的要求是正確的呢？對我們而言，這是一個困難的工程。因為，殯葬改革很難自我證明時代要求的絕對正確性。雖然一般的改革可以用時代的進步性來證明，但是殯葬改革無法用同樣的標準來證明。其中，最關鍵的理由在於死亡的不可驗證性。對於一般的事物，我們可以透過實際的效果加以檢驗。只要出現的效果是正面的，自然即能證明該項時代做法的適當性。一旦出現的效果為負面，我們即以此判定此時代做法的不適當性。因此，對一般事物而言，經驗的效果往往即成為驗證的標準。

不過，攸關死亡事物的殯葬畢竟不同。就殯葬而言，死亡事物是無法驗證的。雖然我們往往提出該如何辦理喪事的內容會較為理想的說詞，但實際上卻沒有人可以肯定這樣辦的結果真的較好。因為，在辦理的過程中，我們無法找到相關的標準來作為評判的基準。例如，透過被服務的亡者回來告訴我們這樣辦到底好不好？他或她對於整個喪禮的處置方式是否覺得很滿意？我們唯一能夠做的，就是透過家屬的意見來判定這一場喪禮辦得成功與否。問題是，家屬並非亡者本人。縱使家屬覺得萬分滿意，亦屬家屬的意見，並不代表是亡者的真正意見。因此，我們不能用這樣的意見作為殯葬應該如何改革的標準[4]。

就此而言，在亡者不可能再回來，家屬意見又不可靠的情況下，我們是否就沒有能力決定殯葬應如何改革方為正確的答案？表面看來似乎如此。不過，只要深入思考，就會發現結果未必毫無希望。因為，我們確實

---

[4] 尉遲淦（2003），《禮儀師與生死尊嚴》。臺北：五南圖書出版公司，頁 89-90。

無法直接從亡者口中獲得解答。可是，沒有辦法獲得解答是一回事，有沒有機會解答又是另外回事。那麼，我們可以從哪裡找到解答的機會呢？

根據我們的瞭解，傳統的禮俗是一個很好的選擇。雖然傳統禮俗是我們意圖改革的對象，但對我們而言，殯葬禮俗之所以要改革，是因為殯葬禮俗的不合時宜。然而，現在的不合時宜未必在過去也一樣不合時宜。如果傳統禮俗在過去存在著不合乎時宜的狀況，那麼這樣的禮俗在過去即已被改革掉了，絕對不可能繼續存活到今日。既然這樣的禮俗在今天仍然繼續存活並成為改革的對象，即表示這樣的禮俗在當時有其存在的價值。只要我們找到傳統禮俗過去曾經合適過的理由，就可以找到如何判斷的相關標準。由此可見，傳統禮俗雖然是我們想要改革的對象，卻也是唯一可以讓我們有機會找到改革標準的憑依。

就此而言，我們當如何做才能從傳統禮俗中找到改革的標準呢？根據時代的要求調整傳統禮俗中不合時宜部分的答案是我們的第一個選項[5]。表面看來，這種調整不合時宜部分的答案似乎也是歷代提供的答案。例如在古代，最初「飯含」的做法並非以錢幣，而是用食物。但是，隨著時代的變遷，食物已無法達成原先「飯含」做法所要達成的目的，演變成以錢幣來替代。對當時的人而言，這種調整方式即是以時代的要求為準的作為。因此，根據時代要求而調整的方式確實是殯葬改革曾經有過的一個標準。

然而，這樣的標準是否就足以成為今日殯葬改革的標準？對我們而言，這樣的調整標準確實不夠。因為，今天有關殯葬改革的要求和過去有所不同。過去的改革是以社會的需求為考量，無論殯葬如何變革，只要可以滿足社會的要求，這種變革即被視為合宜。但是，今天的情況已產生極大的變化。雖然社會的要求如昔，但是除了社會要求之外，我們個人的要求也要被滿足。如果個人的要求不能滿足，縱然是滿足了社會的要求，但仍不足以成為現代滿足的標準。因此，站在個人要求第一的趨勢下，我們

[5] 同註 4，頁 92。

不能只停留在有關社會要求的配合上。否則，無論我們如何努力，最後得到的改革結果都無法滿足亡者真正的需求。

為了滿足個人的需求，我們又當如何從傳統禮俗中找到改革的標準呢？對我們而言，這個標準不能只從禮俗的枝節處著手。如果只是從枝枝節節著手，禮俗的改革只能配合社會的需求，而無法進入個人需求的滿足。如果我們真要進入個人需求的領域，那麼此種改革務必深入禮俗的根本方有可能。因為，禮俗之初即在解決個人的殯葬問題。如果不是個人出現了死亡，那麼殯葬的禮俗處理即不至於出現。所以，我們有深入禮俗根本做探討的必要。

既是，禮俗的根本又當如何進入呢？一般而言，禮俗的根本即在其源頭。換言之，我們必須進入禮俗的起源才能清楚知道當時的人何以設計這樣的禮俗內容，這樣設計的用意何在？其目的在於解決什麼樣的問題？一旦我們找到問題的真正答案，自然有能力解答這樣的禮俗是否有能力滿足我們個人的需求。那麼，到底要如何調整才能真正滿足我們個人的需求呢？[6]

根據一般的研究，禮俗起源的說法有二：第一種為宗教的起源；另一種則是道德起源之說。就第一種說法而言，禮俗的出現並非時代自然演進結果所致，乃是原始人對於死後靈魂要求安頓的必然結果。對原始人而言，他們不像今天受過科學洗禮的我們，認為人死後即變成是物，除了物之外什麼都不存在。相反地，他們認為人死後靈魂依然繼續存在。非但如此，這些存在的靈魂尚擁有強大的力量，能夠禍福我們的生活。因而，為了安頓這些死後的靈魂，不致危害到我們的生存，於是原始人即設計出禮俗的作為，以此來安撫死後的靈魂。由此可見，禮俗出現之因在於解決死後靈魂可能危及我們生存的問題[7]。

---

[6] 同註4，頁92-93。

[7] 鄭志明、尉遲淦（2008），《殯葬倫理與宗教》。臺北：國立空中大學，頁46-49。

相對於為避免死後靈魂危及我們生存的說法，第二種說法則是從道德的角度切入，認為禮俗的出現並非為了解決死後靈魂危及生存的問題，而是一種道德的要求。根據儒家的說法，當親人死亡之時，我們如同宗教起源之說法把親人的遺體棄置荒郊野外，但是隨著時間的演進，人們心中的那一份良知良能即逐漸產生效應。這種作用的結果，讓人們覺得棄置行為不當是為人子女應有的行為。於是乎，在孝心的作用下即產生了一套禮俗的做法來安置親人的遺體，避免其受到不當的傷害[8]。對我們而言，此種以禮俗來安頓親人遺體的做法即是一種自覺道德心的體現。

那麼，無論是宗教起源或是道德起源，這兩種說法對於我們尋找殯葬改革的標準有何種啟發呢？首先，我們發現宗教起源告訴我們禮俗的出現是為了解決人死後靈魂的問題，避免為活人帶來困擾。準此而言，意謂安頓死後靈魂乃禮俗出現的主要重點。今天果真要進行所謂的殯葬改革，死後生命的安頓當是一個極為重要的標準。其次，我們發現道德起源告訴我們禮俗的出現是為了解決為人子女孝心的問題，避免為人子女活得良心不安。就此而言，今天如果真的要進行所謂的殯葬改革，為人子女孝心的安頓亦為一個關鍵性的標準。

根據上述的理解，我們嘗試做一個簡單結論，即是殯葬改革如果要成功，必須考量兼顧到兩個層面問題：一個是亡者死後生命的問題；一個是為人子女孝心的問題。只要能滿足此兩方面的要求，殯葬改革的做法即可算是成功。當此，我們必須進一步的關注，這兩個層面到底有何相互關係？要如何決定才能有效解決呢？

如果這兩個問題的關係係以為人子女的孝心為準，那麼我們的殯葬改革必然以為人子女的需求是否滿足為標準。只要為人子女者認為這樣的殯葬處理即已足夠，那麼我們就以這樣的需求滿足作為標準。倘若這兩個問題的關係並非以為人子女的孝心為考量，而是以亡者死後生命為準，那麼

---

[8] 同註 7，頁 52-54。

我們的殯葬改革必然要以亡者死後生命需求的滿足為依準。只要能完成亡者死後生命的需求，那麼我們當以此需求的被滿足作為標準。

那麼，到底哪一個問題才是關鍵所在？從表面看來，似乎是幫亡者辦喪事的家屬才是關鍵。因為，只有真正掌握主導權的人才是關鍵者，至於被處理的人似乎也只能保持緘默而已。然而，事實反映的真正結果卻又未必如此。因為，家屬雖居於主導地位，似乎只有他們才能決定喪事辦理的內容，但是他們卻忽略了真正能夠讓他們安心的是亡者的死後生命是否真的得到安頓的事實。根據這樣的理解，我們因此而認為亡者死後生命問題的解決才是真正關鍵所在，並非家屬孝心問題解決的考量。唯有亡者死後生命問題得到真正的解決，家屬的孝心問題必然隨之而獲得真正的解決[9]。

在確認殯葬改革的標準應當以亡者死後生命問題的解決為準的答案之後，我們要問的是：目前的這一套禮俗執行內容是否得以滿足此一標準？若否，我們當如何調整？根據我們的瞭解，目前的這一套禮俗執行內容即因無法滿足此項標準而有了殯葬改革呼籲的出現。例如過去有「冷屍不入莊」的做法，認為冷屍入莊的結果會把死亡的不幸帶回家中。後來雖然有人為之提出解釋，認為這樣的做法是站在公共衛生的角度保障家人的生命安全。問題是，這樣做的結果對於亡者而言過於殘忍。因為，客死他鄉並非其所願，更不是他的錯，死於外地乃不得已之情境。何況，過去認為死於家中方屬善終。因此，基於成全亡者的立場，本即當讓亡者回家得以善終，而不應該以任何理由剝奪亡者回家善終的權利。基於此種重視個人權益的想法，因此而讓我們難以接受過去禮俗對於亡者的處置方式。

既已探究出傳統禮俗問題之所在，那麼我們又將如何調整因應呢？對我們而言，不能只停留在傳統禮俗的表層，必須深入傳統禮俗的深層這個問題才有解決的可能。進一步言之，必須深入傳統禮俗背後的思想，探索這樣的思想是否正如傳統禮俗於今日之所表現；或是因為人們誤解了傳統

---

[9] 尉遲淦（2009），《殯葬臨終關懷》。臺北：威仕曼文化事業公司，頁 152-154。

禮俗所致而形成今日傳統禮俗之現貌？如果情況屬前者，那麼我們只能根據當代人的經驗而重新設計可以解決我們死後生命問題的禮俗。如果是後者，我們即必須重回傳統禮俗背後思想，探討這樣的思想在今天重新理解安頓我們死後生命如何可能？

就我們的瞭解，傳統禮俗背後思想之困境，不在這個思想本身出了什麼問題，而是出在於理解這個思想的人之問題。為了證明此點，我們必須深入這個思想本身。唯有深入思想本身，才能得到傳統禮俗在今日必須要如何調整方能滿足當代人需求的確認。

那麼，這個隱藏在傳統禮俗背後的思想為何指？為什麼這個思想可以支持整個傳統禮俗達數千年之久？根據我們的瞭解，這個答案即是儒家的思想。那麼，何以是儒家而非其他家的思想？此乃其他家的思想原則上對於禮俗皆是採取批判的態度。例如先秦墨家的思想，我們可以清楚看到批判的痕跡，像是非禮、薄葬的想法，就是斥指禮俗處理方式太過繁瑣、過於擾民，導致人民無法安心過活[10]。同樣地，在先秦道家的論述上也看到類似的批評，認為禮俗的作為讓人民失真，無法用最真實的心面對自己親人的死亡。因此，最好的治喪方式是捨棄這些繁文縟節的禮俗，而回歸到自然的理境[11]。

根據這樣的瞭解，我們知道傳統禮俗的背後是儒家思想所建構。可是，儒家思想何以成為傳統禮俗背後的思想呢？對於這個問題，我們需要回到周文本身去探討。過去，周文曾經是周朝統治的基礎，所有周人的行為都必須符合周文的規範。但是，隨著情感的疏遠以及權力的消散，周文逐漸成為具文，不再具有實質規範的效果[12]。在此情況下，周文失去了規範周人的存在基礎，因此而變成失去實質作用的一種空洞形式。

---

[10] 牟宗三（1997），《中國哲學十九講——中國哲學之簡述及其所涵蘊之問題》，臺北：臺灣學生書局，頁 63。

[11] 同註 10，頁 64。

[12] 同註 10，頁 60。

面對這樣的變局，如果無人出來重振周文，周文即將成為歷史中曾經存在過的一種制度。此時，所幸有儒家創始人孔子的出現，他不像道家的老子，只知對周文採取批判的態度，而是重新思考周文存在的意義，讓周文重新獲得生機，讓周文不至於淪為過去歷史中曾經存在過的一種制度[13]。那麼，孔子何以要對周文給予新的肯定呢？關於此問題，我們可以找到不同的解答。例如有人主張因為孔子是舊有貴族之後，站在維護本身利益的立場，他不得不重新肯定周文的價值。同樣地，我們也可以找到相反答案的說法。例如有另種說法認為孔子之所以重新肯定周文，是因周文本即是人民生活的規範，周文之有問題，不在周文本身，而是活在其中的人有問題。只要我們重新喚醒周文的精神，那麼周文的問題就可以獲得解決。

對我們而言，前項問題當以第二個答案較為合理。因為若非如此，當孔子死亡以後，當時之周文即當繼續成為具文，不可能往後傳承達數千年之久。何況，孔子於其時並非顯赫之士，亦無擁有讓具文起死回生的權利。由此可見，孔子所眼見的周文價值乃是規範人民生活的價值，而非為了維護自身利益的狹隘價值。

在瞭解孔子肯定周文價值的理由之後，我們進一步要問的是，孔子到底找到了何種新基礎而讓周文起死回生？根據我們的瞭解，孔子找到了由道德所建構的基礎。孔子之所以認定道德可以成為讓周文起死回生的基礎，其最大之關鍵在於發覺到周文問題之所以產生，並非周文本身有其根本的問題，而在於理當遵循周文生活之人違反了周文的精神。尤有甚者，這些人往往只根據自己個人的需要而任意使用周文的形式。因此，在發現是人病而不是法病的情況下，孔子於是思考應當如何解決人病的問題。

那麼，孔子在此所發覺出的人病究竟何指呢？簡言之，即是私心私慾。當然孔子很清楚每個人都會有其私心私慾，但是有私心私慾是一回事，要不要跟隨私心私慾則是另外一回事。在這種洞悉問題的思考下，孔

[13] 同註 10，頁 60-61。

子認為解決問題的最好做法就是喚醒更根本的道德意識，讓道德意識的公心取代私心私慾的私心。唯有如此，在道德公心的發用下，周文才能挺立成為所有人生活的合理依據。否則在個人私心的主導下，無論制度再怎麼改變，也難逃失敗的命運[14]。所以，在孔子之後，雖然孔子已經不在，但是孔子所提出的道德意識卻一直是規範中國人生活的主要精神依據，歷經數千年而不衰。

話雖如此，我們並不是說儒家的道德意識在孔子時代就已經全部開發完成。事實上，儒家有關道德意識的開發，需要到了孟子與荀子的時代才算得到基本的完成。因為，孔子本身只是幫我們初步開啟整個道德意識的基本內容。至於這些內容要往什麼方向發展、可以如何發展，其實是需要進一步的開發，而孟子與荀子正是這樣的開發人物，他們進一步發展了儒家道德意識的兩個面向：一個是主體的面向；一個是客觀的面向，讓儒家的道德意識有了基本的完成。除此之外，有關儒家道德意識的形上層面，這一部分就需要後來宋明儒家的進一步開拓。由此可見，儒家道德意識的建構完成是需要很長時間不斷努力的結果。

因此，當我們要探討傳統禮俗的背後思想時，我們不能只是含糊籠統地主張以儒家作為探討的對象，而是要進一步範限這樣的對象範圍。因為，如果我們不給予一定的規範，那麼整個儒家都可以是我們探討的對象。但是，真正影響傳統禮俗，決定傳統禮俗詮釋方向的思想，並非所有儒家的思想，而是指先秦時期的儒家思想。更精確的說法，當是孔子、孟子與荀子所構成的先秦儒家。因為，一方面他們三位決定了整個儒家生命道德的方向與型態；另方面則是他們三位奠定了整個儒家喪葬思想的方向與型態。只有在我們徹底瞭解孔子、孟子與荀子所構成的先秦儒家思想後，我們才會清楚瞭解何以傳統禮俗之演變？面對今天的個人要求，我們的禮俗又當如何調整才能滿足這樣的要求？

---

[14] 同註 10，頁 61-62。

三、當代喪葬問題處理的原則

根據我們的瞭解，傳統禮俗背後的思想指的是儒家的喪葬思想。那麼，我們為什麼會認為儒家的喪葬思想問題出自於理解儒家喪葬思想的人而非其本身？其理甚明。因為，儒家的喪葬思想有兩個層面考量：一者是屬於時代因素的影響；另一者則是屬於超越時代因素的影響。如果我們沒有分清這兩個層面的內蘊，自然即產生上述的問題。因此，為了避免上述問題的出現，我們需要先行清楚上述兩個層面。以下，我們試舉一例說明。

例如守喪三年的做法。過去，我們皆認為守喪三年乃天經地義之事。如果有人在守喪過程中沒有辦法滿足三年的要求，整個社會往往即會質疑此人之孝心有所不足。然而，受到時空變遷的影響，當代之人若想守喪三年亦恐非易事。縱使其主觀意願堅持，整個社會的步調與氛圍亦不允許此項作為。除非其本身條件具足，得以不受時代的限制，否則難以完成守喪三年的古禮。由此可見，守喪三年必然受到時代因素的影響。

就此而言，一旦我們忽略到時代因素影響的問題，貿然認定三年之喪的做法過於繁瑣且不合時宜，那麼這樣的判斷必然失之以毫釐差之以千里。因為，在過去屬於農業社會背景中的年代，人與人之間的關係至為緊密，尤其是家中的親人，彼此間的關係可謂是血濃於水；再加上農業社會穩定步調的特質，使得百姓在遭遇喪親之痛時需要花三年的時間來解決其傷痛的問題，而當時之社會也有充裕的時間與條件得以配合所需。因此，在這種主客觀條件的配合下，過去在遭遇喪親之痛時之百姓得以滿足守喪三年的需求。但是，由於時空之變異，今日我們所處時代已非過去的農業社會，已轉變為工商社會，甚至於資訊社會。在這種快速變動的社會中，我們的社會已不再是慢速的步調。家人彼此間的感情亦隨著社會步調的加快而疏離，不再像過去那麼的濃密。此種轉變的結果，自然讓人產生過去守喪三年的做法是不合時宜的一種認知。問題是，這樣的批評並不恰當。因為，傳統禮俗之所以規定守喪三年是有其時代背景。如果我們單純地抽離這樣的背景而給予普遍的判斷，必然出現失真的現象。因此，為了對傳統禮俗進行合理的判斷，我們有納入時代因素的考量必要。

顯然，儒家三年之喪的做法是屬於農業社會的時代產物。既是如此，意謂我們不能將當時的規定運用於今日。如果我們任意地將此規定實施於今日，將加劇三年之喪的做法是繁瑣而不合時宜的抨擊。如果我們要避開這樣的批評，不讓那些誤解之人再滋生藉口，那麼對於儒家的喪葬思想即不能輕易地進行表面的理解，而必須深入三年之喪的核心。唯有如此，我們才能驗證儒家的喪葬思想非但是時代的產物，也同時具有不朽的永恆意義。

那麼，三年之喪的核心究竟為何呢？根據我們的瞭解，儒家對於三年之喪有其一定的認知。表面看來，三年之喪是一個傳統的規定。但是，對於這樣的規定儒家有其自身解釋的理由。我們可以在孔子與宰我的對話中見到這個理由。根據宰我的想法，守喪三年有其問題。因為，一旦守喪三年，社會即將陷入禮崩樂壞的狀態。因此，為了維持社會的正常運作，守喪一年足矣。可是，孔子不同意這種看法。對孔子而言，此看法未免過於功利。畢竟父母與子女的關係不應單從社會層面來看，而應從彼此的相互關係上來看。就父母與子女的關係而言，子女至少也要三年才能脫離父母的襁褓呵護。既然如此，子女對父母的回饋至少也應該有三年。就此點而言，這樣的回饋方算是勉強符合功利上的公平性。如果子女對父母的回饋只有一年，這樣的回饋全然不夠。不過，這樣的想法仍不足以代表孔子的真正想法。因為，孔子對於三年之喪的解釋是從「禮」的角度出發。所以，我們必須也從道德的層面來理解孔子的想法。只有通過道德層面的理解，孔子的想法才能獲得正確的理解[15]。

關於此點，我們可以進一步於孟子與荀子的想法中獲得證實。根據孟子的認知，三年之喪非但是一個「禮」的規定，更是一個「盡心」的表現。一個人只要對父母盡心，自然當遵守三年之喪的規定。因此，對孟子而言，三年之喪能不能遵守的關鍵在於道德主體之發用與否，而不在於「禮」的客觀規定[16]。就此認知內容而言，荀子卻另有其不同的想法。雖然荀子也同意三年之喪的規定有其情感上的依據，但是如果在情感上的反應缺少了「禮」的節制，那麼這樣的反應必然流於過度，以至於影響整個社會的正常運作。所以，對荀子而言，三年之喪的作用在於節制人們的情感，讓人們的喪親之痛有其合宜的表現與紓解之通道[17]。

雖說孟子與荀子各有其對於孔子三年之喪的不同詮釋，不過這樣的詮釋非但沒有表面上所看到的那麼衝突，其實更具有互補的效果。因為，在孔子的看法中，三年之喪不只是客觀的規定，也同時具有主體的要求。如果只是客觀的規定，一味地遵守也未必見得有道德的意涵。同樣地，如果只有主體的要求，那麼這樣的遵守可能就不一定是三年。因此，我們只要不把孟子對於三年之喪的主體面做過度的強調，也不要對荀子三年之喪的客觀面做過度的強調，那麼這樣的衝突即未必會出現，亦可以表現其互補的樣貌。

總之，從上述對於三年之喪問題的反省，我們發現「禮」是儒家對於三年之喪是否該遵守的判斷標準。換言之，道德才是判斷三年之喪是否遵守的原則。對於這個道德的原則，儒家認為包含了兩個不同的層面。其中一個是主體的層面，也就是孟子所特別凸顯的層面；另外一個則是荀子所特別凸顯的客觀層面。如果希望這個原則有具體實現的可能，我們便不能

---

15 林慧婉，〈試論孟子對孔子生死觀的繼承與發展〉。《博愛》學刊第 27 卷第 2 期，頁 57。

16 同註 15，頁 62-63。

17 林慧婉，〈試論荀子對孟子生死觀的繼承與發展〉。《黃埔學報》，第 51 期，頁 39。

只是單獨地凸顯主體或客觀的層面，必須兼顧與平衡主體與客觀雙方層面。唯有如此，我們在判斷喪葬問題時才不至於失之偏頗，而能獲得一個較為圓滿的解答。

四、當代喪葬問題的解答

根據上述的探討，我們知道儒家對於喪葬問題的解答基本上是從「禮」的角度切入，把道德當成解決問題的原則，同時將道德原則分從主體與客觀兩個層面來看待。那麼，在這樣的看法下，儒家喪葬思想對於當代喪葬問題可以具有什麼樣的啟發作用？對當代喪葬問題的解決又能產生什麼樣的效果？在正式探討此問題之前，我們需要先行瞭解當代對於喪葬問題的解決之道，檢視這樣的方式是否恰當？如果這樣的方式是恰當的，那麼儒家喪葬思想對當代喪葬問題的解決即無從使力，自然談不上所謂的啟發與貢獻。但是，如果當代的解決有其存在的問題，那麼儒家喪葬思想自然就有其揮灑的空間，可以對當代喪葬問題的解決發揮啟發與貢獻的效能。

就前述而言，當代對於喪葬問題的解決方式基本上是採取時代因素的解決方式。對於政府部門而言，當代喪葬問題主要來自於傳統禮俗的不合時宜，亦即是作為傳統禮俗背景思想的儒家喪葬思想之不合時宜。根據這樣的思考，我們只能從時代變遷的角度著手，將不合時宜的喪葬做法一一調整。整體而言，這種調整的方式其實就是對於傳統禮俗採取簡化的一種做法。這種簡化的做法主要是因應社會型態的變化而來。倘若現在的社會型態依舊是在農業社會當中，此簡化的做法亦屬不合時宜的作為。不過，由於現在的社會型態已然進入到工商急遽發展與資訊發達的社會，捨此簡化做法恐無以符合時代需求之方。

表面看來，政府對於當代喪葬問題的簡化處理方式並沒有錯。因為，政府的任務本即在為百姓解決問題。如果政府無法為百姓解決問題，那麼這樣的政府可謂不稱職。關於此點，政府的想法與儒家實無二致。對儒家而言，百姓對於喪葬問題並無獨立處理的能力。如果要他們能圓滿的處理喪葬問題，我們就需要提供一套完整的依據，讓他們有所依循。因此，由政府主動提出一套改革的做法，讓百姓有所依循，乃是一個正確與必要的做法。否則在缺乏政府引導的狀況下，任隨百姓自生自滅，那麼有關喪葬的問題即無法得到妥善的處理，當然更無從產生盡孝、教孝與穩定社會效果的可能。

問題是，簡化的做法是否真能解決當代的喪葬問題？對我們而言，此處存在著極大的疑問。我們之所以會有這樣的疑問產生，是因為過去不乏存在著類似的爭議。從歷史的角度來看，孔子與宰我對於三年之喪看法的不同即是一例。此外，我們也可以在儒家與墨家對於喪葬處理的不同認知看到類似的情況。尤其是，儒墨間所引發的後世厚葬與薄葬之爭更是千秋不休。由此可見，簡化的做法只是一個時代的選擇，並不是千秋不易的原則。果真如此，我們又將如何說服理性的當代人認同這樣的選擇正確無誤？倘若真要說服理性的當代人接受這樣的認知，我們就不能單從時代的因素著手，必須要提出更進一步的理由。

對我們而言，簡化的做法其最大問題在於只考量到時代的因素而不管其他。根據儒家對於喪葬的瞭解，其對喪葬的處理除了客觀的規範之外，同樣兼顧主體生發的因素。如果我們單只強調時代因素的部分，那麼這種強調必然失之偏頗。因為，這種作為造成整個喪葬的處理淪為外在的形式作用，彷彿喪葬的處理只是一種社會的要求。可是，根據儒家對於喪葬的理解，之所以要做喪葬處理並不單是為了滿足社會的要求而已。它是來自於我們內心的自覺要求，是內在道德主體的彰顯。就此言之，儒家喪葬起源的說法即是一例。對於儒家而言，喪葬的行為不是一種單純的社會行為，一個人之所以有此行為的表現，是其道德良知發用的結果。若非是道德良知的發用，必然如同動物般將死亡的親人棄之不顧或當成果腹的糧食。因此，就儒家而言，喪葬的處理是一種道德性處理的作為。

既然是屬於道德的處理，這就表示只有時代因素的考慮並不足夠。因為，無論我們對於時代因素做多少的考量，都無法讓喪葬的處理進入道德的層面。除非我們轉從內在主體的角度，從個人實踐的行為來看，這樣的喪葬處理才有進入道德層面的可能。所以，為了滿足喪葬處理的道德要求，我們要轉從更重要的主體因素來考量。如果我們要從主體因素來考量，那麼孟子的想法就可以成為一個很好的參考。根據前面的討論，孟子對於喪葬問題的解決雖然也強調「禮」的重要性，但是他所強調的主要是「禮」的主體面，也就是所謂的「盡心」。透過這種「盡心」的強調，有關喪葬的處理必然會進入道德的層面。因為，「盡心」即是所謂道德良知的具體發用。

經過上述的探討，我們嘗試簡單做一結論，有關當代喪葬問題的解決，我們不能只考慮時代變遷的因素，還要有主體實踐因素的考慮。如果僅僅只考慮時代變遷的因素，整個喪葬處理必然形成外在化，變成一種單純的社會規定。可是，這樣規定的結果並無法滿足當代人對於喪葬的要求。因為，對當代人而言，喪葬亦是一種內在的要求，是來自我們本身道德情感的要求。因此，政府如果希望妥善處理喪葬的問題，給予百姓一個合適的引導，那麼就必須同時兼顧這樣的主體要求，讓整個喪葬處理回歸固有的道德層面。換言之，有關喪葬處理的客觀規定只是一個參考，更重要的是，從主體的層面自盡其心，並從中找出最能平衡社會要求與個人要求的喪葬處理做法。

五、結語

從上述的探討來看，對於當代喪葬問題的解決，儒家思想似乎可以提供很好的啟發與貢獻。因為，儒家的做法不是停留在時代的因素上，彷彿時代因素可以完全決定喪葬的處理方式，而是深入到個人的內心，從內在的道德要求出發，對喪葬問題進行道德處理。就此而言，儒家對於當代喪葬問題的解決的確要比目前政府所採取的簡化做法來得高明。話雖如此，但並不表示儒家對於喪葬的瞭解就沒有不足之處。實際上，儒家對於喪葬的處理確實亦有其不足之處。關於此點，我們可以在傳統禮俗中見到。例如有關做七與做旬儀式的加入，其實就是一個很好的徵兆。表面看來，這些儀式的加入彷彿只是一種回應時代的做法。不過，只要我們深入瞭解，當即發現這種加入有其重大的意義，表示傳統禮俗背後的儒家思想已經無法完全滿足百姓的需要。否則，只要我們繼續堅持傳統禮俗的遵循必當可以完全滿足百姓的喪葬需求。

那麼，儒家對於喪葬問題的解決到底還有什麼不足之處？根據一般的認知，儒家對於喪葬問題的解決主要集中在現世道德的層面，對於死後生命的安頓似乎並無太多的著墨。例如在孔子的思想中，孔子對於死後的生命似乎採取不可知的看法。至於荀子的思想，則明白地主張不存在死後的生命。縱使如此，並不表示儒家對於死後生命完全採取否認的態度。實際上，傳統禮俗對於死後生命依然有其安排，只是這個安排至為簡單，只是把亡者送往祖先的國度而已。一個人只要生前善盡本分、為所當為，當他死後自然得以進入祖先的國度成為祖先的一員。這種用祖先的國度來安頓亡者的做法，其實就是儒家所要的道德的做法。因為，善盡本分即是一種道德的作為。由此可見，儒家並不全然否定死後生命的存在。

既然儒家對於死後生命給予了道德的安頓，何以百姓還是認為不夠？此乃肇因儒家對於死後生命的道德安頓並無法滿足一般人的認知。對一般人而言，在佛教尚未傳進中國之前，所有人間的不平除了法律的懲罰與祈求上蒼主持公道外並無其他解決的辦法。不過，在佛教進入中國之後即產生了變化，一般人發現對於人間不平之事還可以有另外一種處理的方法。於是，一般人便開始把希望從此世轉向來世。除此之外，對於傳統認知上無法獲得善終之人，也有了可以獲得善終的機會。雖然他們的沒有善終已然是個事實，但是仍然有其補救之機會。對於此項補救之道，儒家思想過去並沒有做進一步的處理。所以，在佛教傳入之後，一般人發現佛教提供了補救之道，於是轉而要求傳統禮俗也應具備這樣的作用。於是乎上述的這些不足，順理成章地讓傳統禮俗的作為從過去的祖先道德國度溢出，轉而結合佛教的做七與道教的做旬，進入佛教輪迴（淨土）與道教輪迴（仙界）的宗教國度之中。

參考書目

牟宗三（1997），《中國哲學十九講——中國哲學之簡述及其所涵蘊之問題》。臺北：臺灣學生書局。

徐福全（2001），〈臺灣殯葬禮俗的過去、現在與未來〉。《社區發展季刊》，第 96 期：臨終關懷與殯葬服務。

林慧婉，〈試論孟子對孔子生死觀的繼承與發展〉。《博愛》學刊，第 27 卷第 2 期。

林慧婉，〈試論荀子對孟子生死觀的繼承與發展〉。《黃埔學報》，第 51 期。

黃有志（2002），《殯葬改革概論》。高雄：黃有志自版。

黃有志、尉遲淦、鄧文龍（1998），《殯葬設施公辦民營化可行性之研究》。

臺北：內政部民政司。

尉遲淦（2003），《生命尊嚴與殯葬改革》。臺北：五南圖書出版公司。

尉遲淦（2003），《禮儀師與生死尊嚴》。臺北：五南圖書出版公司。

尉遲淦（2009），《殯葬臨終關懷》。臺北：威仕曼文化事業公司。

鄭志明、尉遲淦（2008），《殯葬倫理與宗教》。臺北：國立空中大學。

宗教的生命觀

摘 要

本文的目的在於探討宗教的生命觀。過去，在死亡禁忌的影響下，一般人是不太願意面對死亡的。當死亡來臨時，人們須對自己的一生做評價，因為此攸關是否善終的課題。當傳統禮俗不再具有安頓臨終者生命效用之時，人們必須從宗教中尋求永恆安頓的方法。

宗教的生命觀有不同之探討方式。肯定生命的意義不能只停留於現世的階段，必須突破死亡的限制，尋找永恆的可能。透過對基督宗教與佛教生命觀的討論，我們發現基督宗教和佛教生命觀最大的不同，在於前者強調生命是來自於上帝的創造，死亡來自於上帝的懲罰，人要永恆的生命就必須透過耶穌基督的中保才有可能完成救贖的任務。後者認為，人的一切來自於人本身的自作自為，只要改變自己的作為，即可在死亡時就有可能解脫成佛證入涅槃。

站在實踐的角度，對於宗教的選擇客不客觀並不重要，合不合適方為重點。對我們而言，只要能安頓我們，這樣的作用就夠了。至於是否究竟，則各視其因緣造化了。

關鍵詞：宗教、生命觀、傳統禮俗、善終、臨終關懷

一、前言

「生死問題」自古至今都是絕大多數人最忌諱談論之事，亦建構了人生一大弔詭與難題[1]。過去，在死亡禁忌的影響下，人們總是不太願意面對死亡。不過，不管自己願不願意，當死亡來臨時，縱使百般不願面對亦逃遁不得。本來，如果只是面對而已，此面對也未必會有其問題。因為，純粹的面對只是一個單純的面對，不見得會有什麼要求發生。然而，人的面對並沒有那麼簡單。對人而言，這樣的面對其實並不只是純粹的面對而已，它尚有更多的要求。

那麼，它的要求是什麼？就我們所知，此要求是要我們對自己的一生做評價。如果只是單純的評價，其評價之好壞未必對我們造成何種的影響。因為，畢竟評價只是評價，不見得可以影響什麼。不過，事情未必如此簡單。對我們而言，這樣的評價絕非表面看的如此簡單，是有其要求的。

對我們而言，這樣的評價如果是不好的，那麼這樣的評價不只會讓我們覺得這一生過得不太好，更會讓我們認為這一生真的過得很不好。在認為不好的情況下，我們會覺得這一生是白來了。在白來了的認知下，這一生的存在價值就整個被抹滅了。對一個人而言，這樣的抹滅等於否定了他的一生。在否定一生的情況下，他這一生的所作所為都白搭了。由此可見，這樣的評價結果沒有表面看的那麼輕鬆。實際上，它是很沉重的。

相反地，如果這個評價是好的，那麼他對於自己的這一生就會給予正面的肯定，認為自己這一生過得很值得。在這樣的認知下，他不但不會認為自己白來，還會認為自己來得很有意義。這時，他對於自己這一生的所

[1] 釋慧開(2004)，〈從宗教層面探索生命課題探〉，《儒佛生死學與哲學論文集》。臺北：洪葉文化，頁157。

作所為就會持肯定的態度，而不會出現否定的態度。如此一來，在死亡來臨時，他就會很有信心地走向死亡。否則，在沒有辦法肯定自己一生的情況下，當死亡來臨時，他就會懷著忐忑不安的心情走向死亡。對於這種懷抱不同心情走向死亡的情況，我們就會給予有沒有善終的評價？

當一個人可以獲得善終時，無論死亡是怎麼來，他都可以坦然面對。因為，在面對死亡時無所欠缺，自然無所畏懼。可是，如果他無法獲得善終，那麼在其死亡來臨之時，必然擔憂死後之際遇，自認將會受到生前所作所為影響，付出應付出之代價。此時，得以想像其必然無法坦然面對。因此，一個人有無善終，在面對死亡時對個人是有很大影響的。

既是如此，吾人當何以善終呢？過去，傳統禮俗被視為是一項重要的參考標準。然而，自西風東漸以後，傳統禮俗逐漸被視為僅是一個盡孝道的作為而已，不再具有安頓臨終者生命之效用。在此情況下，我們很難再把傳統禮俗看成是安頓生命的方法。既然傳統禮俗不再能夠成為安頓我們生命的方法，那麼我們又當從何處找尋新的安頓方法？由於生命的必死性局限了我們存在的期限，必須在我們的有限又無常的生命中去做出價值的選擇[2]。根據西方的經驗，想要安頓生命只有現世是不夠的，必須從宗教中尋求永恆安頓的方法。

可是，為什麼只從現世尋求生命的安頓是不夠的？這是因為現世的生命只停留在現世。一旦死亡來臨時，這樣的生命就會消失無蹤影。如果我們把一切的希望都寄託在這樣的現世，那麼當死亡來臨時，這樣的生命就會失去作為支撐我們生命的作用。如此一來，我們就會陷入絕望的深淵當中。如果我們不希望這一生就這樣結束，那麼為了讓生命在死亡之後還可以繼續存在，我們只能從宗教裡尋找生命永恆的可能性。

---

[2] 劉見成（2011），《宗教與生死》。臺北：秀威資訊科技，頁 55。

二、生命意義應該如何肯定

根據一般人的經驗，要肯定一個人此生過得值不值得的最直接方法，即是理性地檢視其一生的所作所為。只要其一生所作所為備受肯定，則其一生即是值得的。相反地，如果他這一生的所作所為不值得肯定，則其此生即屬不值得。因此，他這一生到底過得值得不值得與其對生命的價值理解，我們也可以從他這一生的所作所為來判斷。更何況一個人對生命的價值理解並不止於理性，進一步的生命思考恰恰是對理性生命價值觀的顛覆，而二十世紀以來的哲學家，如柏格森或佛洛伊德等人，對此均有其理論及觀點[3]。

表面看來，這樣的判斷方式並無問題。因為，一個人的一生與其對生命的價值理解若不從其所作所為予以判斷，似乎並無其他的判斷方法？縱使真有其他方法，在判斷時仍須尋求一些依據。在此，除了此人一生所作所為之外，實難找出其他之依據。就此點而言，我們除了從他這一生的所作所為來判斷就很難有其他的判斷根據。由此可見，把他這一生的所作所為看成是判斷的依據應該是沒有問題的。

不過，沒有問題是一回事，可不可以這樣判斷則是另外一回事。根據上述的探討，我們很難脫離從一生的所作所為來判斷一個人這一生到底過得值不值得的進路。雖然如此，這不等於說這樣的進路就是唯一的進路。因為，這樣的進路所提供的到底只是判斷的材料，抑或是也包含了判斷的標準？如果此項進路除了包含判斷的材料也同時包含判斷的標準，那麼這樣的進路當然就沒有問題。可是，如果這樣的進路只包含了判斷的材料而

3 余玉花（2009），〈生命價值的哲學辨析〉，《生命、知識與文明：上海市社會科學界第七屆學術年會文集》。上海：上海社會科學院，頁 21-22。

並未包含判斷的標準，那麼這樣的進路顯然是不足的。因為，沒有包含判斷標準的進路是無法讓我們形成這一生過得到底值得不值得的結論。因此，為了形成有效的結論，我們需要進一步探討這個問題，重新檢視此項進路是否只有判斷的材料，還是亦包含了判斷的標準？

就我們的瞭解，這樣的進路似乎只包含了判斷的材料，並沒有包含判斷的標準。那麼，我們為什麼會下這樣的判斷？這是因為人的一生不會主動告訴我們這一生過得值得不值得？實際上，要對這一生下判斷沒有那麼容易。如果只就某一個片段來看，或許我們可以從更大的片段來判斷，看這樣的片段到底效果如何？是對我們的生命帶來正面的效益，抑或是帶來負面的效益？如果是正面的效益，那麼我們即可說這樣的片段是沒有問題且值得的。如果是負面的效益，那麼我們說這樣的片斷是有問題的，是不值得的。因此，只要我們可以找到更大的片段，那麼自然就會有能力對這一生做評價，看這一生過得到底值得不值得？

現在，問題出來了。對我們而言，我們可不可能在這一生之外找到一個更大的片段，對這一生形成類似的評價？就我們所知，要找到這樣的片段似乎不可能。因為，從我們本身的經驗來看，這一生最大的片段除了自己並無其他。既然沒有其他，那麼我們怎麼可能在這一生之外再找尋另外一個更大的片段？所以，就此點而言，要找尋這一生以外的更大片段是不可能的。

在不可能的情況下，我們對這一生是否過得值得的問題又當要如何下判斷呢？在此，我們發現死亡是一個很有趣的分界點。在死亡之前，我們都可以用經驗去設法形成一些判斷。但是，在死亡之後，我們完全無能為力也做不了主[4]。因為，對於死亡之後的部分就完全不在我們的經驗範圍之內。對於那一些沒有經驗的存在，無論我們再怎麼努力，都不可能產生任

---

[4] 柏木哲夫著，曹玉人譯（2000），《用最好的方式向生命揮別——臨終照顧與安寧療護》。臺北：方智出版社，頁33。

何的看法。當然，就更不用說要形成什麼樣的判斷標準？

如此說來，我們對於這個問題是否已經完全絕望？果真如此，我們自當徒有放棄的份。然而，事情果真依循如此樣貌發展嗎？難道真無其他之可能性發展？的確，如果我們把範圍限制在經驗範圍之內，的確對於此問題毫無所解。不過，只要我們不把範圍限制在經驗之內，那麼對於這個問題自然就會出現新的轉機。我們之所以這麼說，不是因為我們希望安慰自己，而是因為過去的歷史曾經給予我們一些借鏡。

例如對於一個人一生要如何過才算值得，事實上並無人有能力做判斷。之所以如此，是因為我們並無能力在過完一生之後，再站在一生之外對這一生做判斷。實際上，當我們做這樣的判斷時早已經不在人間。既然不在人間，縱使我們判斷這一生過得確實值得，但這樣的判斷對我們亦不具意義。因為，相關判斷之答案已無法再傳回人間。所以，如果要判斷，當須在人離開人間之前就要完成這樣的判斷，萬不能等到離開人間之後再做判斷。

同樣地，如果這樣的判斷要等到最後才知道判斷的標準，那麼這樣的判斷自然就會去判斷的引導作用，讓我們這一生處於盲目的狀態，糊裡糊塗地過完一生之後，最後方知一生當如何過才算是值得的？為了避免此種情況發生，我們不能等到結果出來才知道這一生應該怎麼過才對，而要在一開始就知道這一生要怎麼過才算值得？從這一點來看，我們必須在一開始就有個標準做指引，這樣我們才會清楚這一生要怎麼過才有意義與價值？

基於上述的考慮，我們當從哪裡找到正確的標準？就吾人所知，在人間的所有知識裡當屬宗教最為可能。因為，整個宗教生活是人類最重要的功能[5]，宗教也是人類探究真實與追尋徹底解脫的終極關懷，尤其在吾人面

[5] 尚新建（2004），《宗教：人性之展現》。上海：人民出版社，頁 297-320。

對生死課題時存在著生死的探索與超克課題[6]。事實上，宗教和一般的人間知識並不相同，它不像一般的人間知識那樣把人間看成是唯一目標。因此，在價值取向上是以人間作為判斷的標準。相反地，宗教它並不認為人間的一切可以成為標準。因為，人間的一切都是有限的，有其時間之限制。在此情況下，縱使我們把它視為標準，但這樣的標準並不具有永恆性。對一個沒有永恆性的標準而言，這樣的標準再真實，也只是暫時性的標準，不可能出現永恆的意義。對生命而言，沒有永恆意義的生命是沒有意義的，最多只能與萬物同朽。

那麼，這種可以賦予生命永恆意義的可能宗教是什麼？一般而言，這樣的宗教有很多種。在此，由於受到篇幅的限制與個人專精能力的限制，我們選擇基督宗教與佛教作為探討的對象。之所以如此，除了因為這兩者都是世界性的宗教之外，更重要的是，這兩者是兩種不同生命觀的代表。如果以生死劇目來說，基督宗教的一世永生說有如單元劇，是一世生命觀的主要代表之一；而佛教的三世輪迴說有如連續劇，是輪迴生命觀的主要代表之一[7]。當然，基督宗教承認的不只是這一世存在，也承認死後永恆生命的存在。同樣地，佛教除了承認輪迴轉世的存在之外，也承認涅槃解脫的存在。

三、兩種宗教的生命觀

首先，我們探討基督宗教的生命觀。就基督宗教而言，生命並非像表面所見那樣完全是自給自足的。實際上，生命之所以會出現是來自於生命以外的力量。如果生命是來自於自身的力量，那麼生命應該不會像現在那

---

[6] 傅偉勳（1993），《死亡的尊嚴與生命的尊嚴》。臺北：正中書局，頁 99-174。

[7] 同註 2，頁 176。

麼地有限。相反地，它應該是以無限的方式存在才對。現在，既然生命的存在是以有限的方式出現，那麼生命顯然並非是自給自足的。

根據這樣的認識，基督宗教認為生命的出現不是自己來的，而是另有其他的根源。對他們而言，這樣的根源即是所謂的上帝（天主）。那麼，他們為什麼會有這樣的認定呢？這是因為這樣的上帝不是透過經驗推知的，而是來自於上帝自身的啟示。經由這樣的啟示，我們才會知道有這樣的上帝。如果不是經由啟示，那麼我們不可能知道這樣的上帝。

那麼，這樣的上帝是一位怎麼樣的上帝？對他們而言，這樣的上帝是很奇特的上帝。因為，祂在創造萬物時並非如一般所說的那樣只是讓萬物出現，而是從無中生有創造出萬物。就是這樣的無中生有，讓他們覺得這樣的上帝不可能是理性推知的存在，而應該是經由啟示才會得知的存在。

在這樣的上帝創造下，人最初是以亞當的身分存在伊甸園當中，過著無憂無慮的生活。此時，亞當的一切並無任何問題。因此，他也沒有必要詢問和解答生命意義的問題。可是，自從亞當旁邊出現了夏娃以後，在蛇的誘惑下，他們偷吃了禁果，違反了上帝的誓約。表面看來，這樣的違反不是他們自己故意違反的，而是受到蛇誘惑的結果。不過，在上帝的眼中，這樣的違反重點不在蛇的誘惑上，而在亞當和夏娃對於誓約的不能遵守。既然不能遵守，那就表示他們對上帝不再擁有絕對的信任。因此，就在信任破壞的情況下，他們被逐出伊甸園，從此過著有生有死的生活。

可是，對人類而言，他們不希望永遠過著這樣的生活。因為，有生有死的生活畢竟是一種折磨。相對於伊甸園，這樣的生活是令人無法忍受的。話雖如此，人類卻沒有能力直接返回伊甸園。其中，最主要的原因在於人類被剝奪了永恆生命的可能性。如果人類還是處於亞當夏娃的初期，那麼在伊甸園中當然還是可以享有永恆的生命。但是，自從違反誓約之後，人類只能接受死亡的懲罰。於是乎，恢復永恆生命的可能性即成為人類生命的主要目標。

既是如此，人類要怎麼做方有可能恢復這樣的生命？對基督宗教而言，人類自身不管再怎麼努力，這樣的努力都是白費功夫。因為，如果死亡的懲罰是來自於人類自我的懲罰，那麼人類確實是有能力可以解除這樣的懲罰。可是，如果這樣的懲罰不是來自於人類本身，而是來自於永恆的上帝，那麼就算人類再怎麼努力，都不可能解除這樣的懲罰。因此，人類是不可能解除這樣的懲罰。

這麼說來，人類當永遠沒有辦法解除死亡的懲罰。其實，情況也不見得如此絕望。之所以如此，不是因為人類有什麼特別表現，而是上帝對於人類的不放棄。在這種情況下，一方面想要解救人類，一方面又不想讓人類覺得這樣的解救是平白無故就可以得到的。於是，祂就派遣祂自己的獨子耶穌基督來到人間，告訴世人耶穌基督也是人類之一。在經過信仰的考驗，最後被釘在十字架上，三天後死而復活，為人類的救贖開啟一條可行的道路。

經由這樣的道路，身為人類的吾人終於知道，對人類而言，他如果想要得到救贖，那麼他就不能把生命意義的追求放在人間慾望的追求上，而要從人間慾望的追求超越出來，把對於上帝的信仰擺在第一位。如果他不能做到這一點，那麼他的死後生命永遠都不可能具有永恆性。因為，他們並未將自己的生命全幅地交給上帝，還保有自己的私心。在此情況下，即表示他們不是真的想要全心向主，只是把主當成萬物之一。這時，救贖之路就不可能為他開啟，他的生命自然也就不會出現永恆的可能性。

透過上述的敘述，我們知道人如果真的想要實現自己的生命意義，那麼他就必須在這一生當中好好地相信上帝。因為，除了這一生以外就不再有其他生。當死亡來臨時，他唯一要做的事情就是堅持他的信仰，讓上帝知道他的信仰就是他的全幅生命，除了回到主的懷抱之外他別無所求。在這種情況下，他不只有機會可以實現自己這一生的意義，也可以有機會回到主的懷抱進入天國（堂），完成一生所希望達成的永恆生命。

其次，我們探討佛教的生命觀。就佛教而言，祂將生死問題的解決高懸為自家的標幟[8]，他們和基督宗教不同，不認為萬物的由來和上帝有關。雖然如此，他們也不認為萬物就是自有的。正如基督宗教那樣，他們認為萬物有其來源。不過，這個來源並非上帝，而是萬物自己。對於此點，佛教的解釋極為特別。

如果萬物有其來源卻又非是上帝，那麼會是什麼？對佛教而言，這個來源不是其他，就是自己。何以會有如此認定呢？對於這一點，佛教的說法和基督宗教不同，佛教不認為這是天啟的結果，而是觀想的結果。當年釋迦摩尼在成道之時，他了悟了宇宙萬物的真相，知道萬物都是因緣所生。所以，在因緣關係的引導下，他知道萬物的由來是怎麼一回事。

根據這樣的看法，人間為什麼會有人？不是人自己決定要怎麼來，而是透過業力的作為使得這樣的事情成為可能。因此，在業力的作用下，人開始以人的身分在人間出現。不過，這樣的出現並沒有必然性。因為，要讓這樣的可能出現是需要一些相關的業力作為。如果沒有這些業力作為，那麼人要在人間出現的因緣就會變得不可能。由此可見，業力造作的作用有多大。

就是這樣的業力造作，讓我們在人間出現。但是，這樣的出現有什麼樣的意義呢？對人而言，這樣的出現代表機會，也代表考驗。因為，人間是一個誘惑的人間，裡面有太多的喜樂。對於許多人，這樣的享樂是會帶來苦難的。尤其是，這些情的誘惑更容易讓人執著難放。因此，在佛教而言，人間其實是個苦海。如果人對個苦海的本質不瞭解、不徹悟，那麼人就會不斷陷溺其中，從此輪迴不已。如果人不想一直陷溺其中，那麼就必須修行解脫。如此一來，方有機會成佛，從此脫離輪迴。

對佛教而言，生死輪轉是整個有情世界（三界[9]）的生態系統，這種離

[8] 陳兵（1994），《生與死—佛教輪迴說》。內蒙古：人民出版社，頁 18。

[9] 三界指的是眾生所居住的欲界、色界、無色界，影響人們業力流轉、輪迴轉世。

苦得樂，脫離輪迴解脫成佛是人一生中最重要的追求。如果一個人沒有這種脫離解脫的想法，那麼這個人這一生就會繼續在輪迴之中。一旦他在輪迴之中，即無法解脫成佛，當然也就只能繼續在輪迴之中受苦。所以，對佛教而言，一個有智慧的人在生命意義的追求中不是設法在人間成就一切，而是要設法脫離人間，讓自己不要繼續停留在這樣的輪迴之中，而可以有機會解脫成佛。要達成這個目的，不是相信上帝的有無，也不是如何虔誠信仰，而是要放下一切，設法讓自己處於空的境界。唯有如此，我們才有機會解脫成佛。否則，在無法進入空的境界的情況下，我們是不可能解脫成佛的。

四、生命意義的抉擇

經過上述的探討，我們初步瞭解基督宗教的生命觀和佛教的生命觀。本來，如果只是宗教生命觀的探討，那麼在這樣的瞭解完了之後就不需要再做進一步的探討。可是，對我們而言，我們的目的不在這裡。實際上，我們在意的不是宗教的生命觀，而是這樣的生命觀在我們生命意義的追求中究竟扮演了什麼樣的角色？今天如果不是宗教的生命觀，那麼我們在生命意義的追求上會遭遇到什麼樣的困難？

對我們而言，生命意義的追求不只是一種理性的理解而已，它還是一種生命的實踐。如果欠缺這種生命的實踐，那麼這樣的生命意義的追求也只不過是一場遊戲一場夢，對我們生命的實現與圓滿是一點意義也沒有。所以，我們不能把宗教生命觀的探討看成是一種理性的理解，而要看成是一種解決生命意義追求困擾的作為。只有在這種情況下，這樣的探討才能凸顯它的存在意義與價值。

基於這樣的考慮，我們再回來面對基督宗教的生命觀和佛教的生命觀。在此，我們就會面對一個抉擇的問題，那就是到底哪一種生命觀更能圓滿解釋我們的生命和實現我們的生命？對於這個問題，過去歷史上有過許多的討論與爭議。但是，不管有過多少的討論與爭議，對我們最重要的是，這樣的討論和爭議可以提供我們什麼樣的參考？

表面看來，所有的討論和爭議應該可以提供我們作為借鏡，讓我們更加接近真理。可是，事實的真相卻不一定如此。之所以這樣，不見得是事情沒有真相，而是真相可能在事情之外。那麼，為什麼我們會這樣說？其中，最主要的理由是真相在不在經驗與理性之中？如果真相就在經驗與理性之中，那麼就算再難尋找，我們都可以設法在經驗與理性之中找到答案。可是，我們有沒有想過，萬一真相不在經驗與理性之中，而我們卻拚命在經驗與理性之中尋找，那麼這樣的尋找除了增加更多的紛爭之外就不會有其他的結果？所以，在找尋答案之前，我們有必要先確認這個問題的答案在不在經驗與理性之中。

如果客觀來看，那麼答案似乎真的就在經驗與理性之中，否則大家不會爭得你死我活。但是，再仔細想想，我們又會覺得真相好像不在經驗和理性之中。因為，無論這樣的答案多客觀，如果沒有人去實踐它，那麼這樣的客觀其實也沒有太大的意義。因此，從實踐的角度來看，一個客觀的答案對實踐者而言未必有太大的意義。如果真的要有意義，那麼也要經過這個實踐者的實踐才能確實實現它的意義。否則，就算再有意義，這個意義也是空泛的。

就這一點而言，我們突然發現答案是否客觀並不重要。重要的是，這樣的答案對實踐者有沒有具體的意義與作用？只要對實踐者有意義與作用，那麼這樣的宗教生命觀即是一個合適的宗教生命觀。相反地，它必然不是一個合適的宗教生命觀。由此可知，一個宗教的生命觀是否合適，其決定之關鍵不在這個宗教的生命觀，而在實踐者本身，也就是生命意義追求者本身。

在確立此點認知後，我們進一步探討哪一種人適合哪一種宗教生命觀？就我們的瞭解，一個人如果在追求生命意義的過程中沒有辦法每天精進，隨時都會有退步的情形出現，那麼這種人可能就不太適合基督宗教。因為，對基督宗教而言，人的機會只有一次。如果我們這一生沒有辦法找到主耶穌，設法虔誠自己的信仰，那麼就不會再有下一次的機會。一旦死亡來臨時，這時想要幡然悔悟其實已經為時已晚。所以，在這種情況下，如果我們想要獲得救贖，那麼不但要盡早，還要虔誠到底。

可是，對佛教情況並不一樣。對於這樣的人，雖然他常常都會退步，但是只要他繼續停留在對佛法的信仰當中，那麼他仍然會有機會可以成佛，只是這樣的成佛可能會遙遙無期。因為，成佛當然也要不斷地精進，甚至於要放下一切，徹底證入空境。然而，要真正做到此點並非易事。因此，他才會在過程中不斷進進出出。不過，無論他怎麼進出，經過多少世的生命輪迴，最終只要他徹底放下，他總是有機會可以成佛的。從這一點來看，佛教是比基督宗教要提供更多的機會。

然而，除了這種人以外，也可以有另外一種人。對於這種人他每天都在精進當中，對自己要求很嚴格，唯恐在追求過程中放縱了自己。根據這樣的情形，如果他選擇基督宗教，那麼這樣的選擇不會有問題。因為，他要的不是更多的機會，而是如何全心全意堅定自己。同樣地，這時如果他選擇了佛教，那麼他一樣可以堅持自己。對他而言，輪迴所提供的各種成佛機會與他無關，他希望的是這一世就能即身成佛。由此可見，不同的人在選擇時是需要針對個人的不同宗教需求。

這麼說來，要選擇哪一種宗教生命觀不像表面看的那麼簡單，也不像表面看的那麼客觀？實際上，這樣的評斷與選擇是很主觀的。只要我們認為這樣的選擇適合我們，在實踐過程當中也沒有覺得哪裡不對，那麼這樣的選擇就是一個好的選擇。相反地，如果在選擇過程中覺得不是那麼心悅誠服，在實踐過程中到處都有扞格，那麼這樣的選擇就不是好的。根據選擇與實踐的各種狀況，我們是可以找出適合自己生命意義實踐的道路。

五、結語

最後，我們終於進入總結的階段。本來，有關宗教的生命觀即有不同之探討方式。對我們而言，重要的不是客觀理解宗教生命觀，而是怎麼樣的抉擇對我們生命意義的追求才會有幫助？因此，當我們在探討時就不知不覺把生命意義的追求和實現當成討論的重點。

根據這樣的重點，我們第一個要討論的問題就是生命意義應該如何肯定的問題。對我們而言，要肯定生命的意義就不能只停留在現世的階段。因為，現世都是短暫有限的。一旦遭遇了死亡的挑戰，這樣的成就即會隨著死亡的來臨而化為鏡花水月。所以，我們如果要肯定生命的意義，就必須突破死亡的限制，尋找永恆的可能。否則，在沒有永恆的支撐下，這樣的有限生命是沒有意義的。

那麼，這樣的永恆可能性要到哪裡找？根據我們的瞭解，只有從宗教生命觀的方向去找。在此，我們提出兩種不同的宗教生命觀來探討。其中之一就是基督宗教的生命觀，之二就是佛教的生命觀。通過這兩種生命觀的討論，我們發現基督宗教生命觀和佛教生命觀的最大不同，在於前者強調生命是來自於上帝的創造，死亡來自於上帝的懲罰，人要永恆的生命就必須透過耶穌基督的中保才有可能完成救贖的任務。否則，在沒有耶穌基督作為中保的情況下，人是沒有能力自己完成救贖的任務。當然，也就不可能進入天國享有永恆的生命；後者則不這麼認為，對佛教而言，人的一切都不是來自於上帝的創造，而是來自於人本身的自作自為，既然如此，人只要改變自己的作為，讓自己不要受到所有作為的影響，可以觀空證空，那麼在死亡時就有可能解脫成佛證入涅槃。否則，在無法觀空證空的情況下，就會隨順自己的作為所累積的業力在六道當中輪迴轉世，直到有一天確實觀空證空，才有機會從中脫離。

在瞭解宗教生命觀的兩個主要代表之後，我們進一步討論選擇的問題。因為，對我們而言，理解只是第一步，實踐才是最重要的。如果不是實踐的需要，說真的理解就不見得會變得那麼重要。既然實踐如此重要，我們自然就會想到選擇的問題。按照過去思考，客不客觀很重要？只要是客觀的，那麼就一定是對的，自然也是合適的。可是，如果不是客觀的，那麼就一定不是對的，自然也就不合適。不過，我們不要忘了，這是一種與實踐無關的說法。站在實踐的角度，客不客觀不重要，合不合適才是重點。即使不客觀，只要是合適的，那麼都會有作用的。對我們而言，只要能安頓我們，這樣的作用就夠了。至於是否究竟，則屬「仁者見之謂之仁，知者見之謂之知」[10]看事辦事之境了。

參考書目

余玉花（2009），〈生命價值的哲學辨析〉，《生命、知識與文明：上海市社會科學界第七屆學術年會文集》。上海：上海社會科學院。

尚新建（2004），《宗教：人性之展現》。上海：人民出版社。

吳怡（1993），《易經繫辭解義》。臺北。三民書局。

柏木哲夫著，曹玉人譯（2000），《用最好的方式向生命揮別——臨終照顧與安寧療護》。臺北：方智出版社。

陳兵（1994），《生與死——佛教輪迴說》。內蒙古：人民出版社。

傅偉勳（1993），《死亡的尊嚴與生命的尊嚴》。臺北：正中書局。

[10] 吳怡（1993），《易經繫辭解義》。臺北：三民書局，頁56。

劉見成（2011），《宗教與生死》。臺北：秀威資訊科技。

釋慧開（2004），〈從宗教層面探索生命課題探〉，《儒佛生死學與哲學論文集》。臺北：洪葉文化。

試論佛教中陰身及其現代應用

摘 要

對佛教而言，人的生命當不只一世。除了此世生命之外，我們尚有生生世世的輪迴轉世。然此，並不表示輪迴轉世即是我們終極生命的最後真相。事實上，只要我們真確的關注與落實，除了在世時的修行外，還可以有死後中陰身的做七法事等作為，有助於我們從輪迴中解脫到達彼岸。因此，為了讓我們有機會獲得生命的解脫，對於佛教中陰身的種種問題與做七法事的調整等課題，值得吾人探討。

在中陰身的諸多論述中，我們發現中陰身是個過渡性的存在，它並不具有身體性；而且這種存在並不受時空的限制。因此，當這種存在所表現出來的神通能力似乎也不受任何的限制。然而，經由我們深入的探究後，卻發現這種穿越時空的存在，依然有其限制。除了佛國淨度與母親的子宮不能任意出入外，此種存在更將受限於自身的不定，時時處於變化之外而無法自已。此外，這種存在復受限於一定的期間，僅能在七七四十九天之內做選擇，無法無限期存在。

根據對死後中陰的瞭解，我們發覺做七法事也有其調整的空間與意義。尤其是在從中陰身的意念及其性質中，我們可以找到合適的調整方法。我們可以從傳統中以法師為主導的誦念方法，轉變由最能與亡者相應的人來主導誦念。為了配合時代的需求，誦念的內容也可以從通俗固定的經典調整成亡者所需的經典。如此，做七法事即可完成家屬期盼亡者順利投胎轉世與解脫的目的。

關鍵詞：中陰身、業力、輪迴、投胎轉世、死後助念、做七法事

一、前言

對佛教而言，輪迴思想是其生死流轉的必要課題[1]；然而輪迴思想之所以成立的基礎，在於靈魂之是否能脫離肉體而獨立的存在，因為靈魂若無法獨立的存在，則它的轉生或者流轉便毫無意義；如果人死亡後形體消去，其精神（靈魂）若不能獨存，又何以能去投胎轉世？又如佛家所言「神我獨存」之概念能否成立？中陰之是否能脫離肉體而跳脫於六道輪迴之軌跡？此與中陰身的存在與否關係密切。因為，如果世界並無中陰身現象之存在，那麼佛教的輪迴說法就沒有成立的可能。換言之，必須在中陰身確實存在的基礎下，佛教的輪迴思想方得以建立。因此，中陰身的存在與否將會決定輪迴說法之證成。於此，到底中陰身是否存在呢？

從佛教本身立場來看，中陰身的存在毫無疑義。然而，若從一般人的觀點來看，中陰身的存在與否未必如此理所當然。因為，對一般人而言，除了其具有佛教思想或信仰的背景外，中陰身的觀念或是存在的意義並非絕對。如果我們要建立其肯定中陰身存在的觀念，必然需要先行說服他們接受，人死後還繼續存在以及人死後不僅僅只有一生、此世的觀念。為了讓人們相信此兩點是真實不虛，我們必須提供進一步的說明。

首先，就第一個問題而論。根據佛教的觀點，死後世界是存在的。如果一個人生命結束之後，一切的因緣現象即斷滅不復存在；那麼人在生前的所作所為便無法得到一個合理的交代。例如人於生前所造的善惡業，如

---

[1] 雖然業感輪迴的思想於佛教是極為重要的教義之一。事實上，此說法並非佛教首創，印度早期於《阿闥婆吠陀》時代即已有賞罰善惡的概念，再加上《梵書》時代之「輪迴說」的創立，兩者乃結合醞釀生息，到《奧義書》時代，業感輪迴思想於焉確立。參見釋悟殷（2001），《部派佛教系列上篇．實相篇．業果篇》。臺北：法界出版社，頁 199。

果死後即消失不復存在，那麼這些善惡業就只有造業者而無受報者。此對於佛教整個業報因果的系統而言，這種說法無法提供合理之論證。為了證立所做與所受的業報因果之說，我們必須先行肯定人死後存在的可能性。

其次，就第二個問題而言。按照佛教的論點，人死後的世界並非僅存於此世此生而已，除了這一生之外，仍有無數次的生命（業報輪迴）來考驗人們生死解脫的智慧。何以佛教提出如此之認定？因為，對佛教而言，如果人的生命僅此一生，必然無法於此一生當中，對於相關業報給予完整的處理。因此，我們認為要充分且完整地處理因果業報的問題，那麼就需要肯定無數次的生命，方能讓累世累劫生命所積累的因果業報問題得以圓滿解決。

從上述這兩點說明，我們可以肯定中陰身存在的可能性。因為，從因果業報的觀點所彰顯出義理中明白地指出，我們不僅在死後的世界中繼續存在，且將是無限次的存在於生生世世的輪迴系統中。只有等到所有的業報問題都得到了解決，不再隨順業力的流轉牽引，此時的輪迴終止才有可能。由此可知，佛教中陰身的存在現象，關係著輪迴問題的解決。以下，我們進一步探討中陰身意義與種類的問題、性質的問題、際遇的問題及其解脫之道。

二、中陰身的意義與種類

對佛教而言，中陰身論述的出現並非始於藏傳佛教。事實上，中陰身的議題早於原始佛教時代即有普遍的文獻記載。例如在《雜阿含經》、《七有經》、《掌馬族經》、《五不還經》等原始教典中，就有人死後經歷中陰身階段的說法。於其後發展的大乘經典中，更有許多類似的論點。如《大乘入楞伽經》的記載：「應知諸趣中，眾生種種身，胎卵濕生等，皆隨中有生」，佛陀本懷一切眾生皆由中有而生，死後當有中有階段。又如《大智度論》所云：「中陰身無出無入，譬如燃燈，生滅相續，不常不斷」，此強調中有的存在現象，是生滅相續而非斷滅，就像燈焰之相續，既沒有一個自在不變的存在，但是也不是完全沒有關係[2]。

就有關中陰身的論述中，首推藏密開山祖師蓮花生大士所開示的《西藏度亡經》，又名《中陰得度密法》最為詳盡。在這部經典中，蓮花生大士詳實地說明了人死後尚未投胎轉世前的種種現象。除此之外，蓮花生大士更針對中陰身可能遭遇的問題提出種種相關的救度方法，讓中陰身得以有一個比較好的投胎轉世以及成佛可能的機會。

依佛教觀點來說，生命係由一系列連續不斷的意識境界所構成。最初一個境界是「生有意識」或「出生意識」（the Birth-consciousness），最後一個境界是「死亡之際的意識」或「死亡意識」（the Death-consciousness）。介於這兩個境界之間，由「舊」變「新」的一個境界，叫做「中陰」（the Bardo）或「中有」（Antarabhara）境界，分為三個階段，藏名叫做臨終（Chikai）、實相（Chonvi）以及中陰（Sipai），分別代表初期、中期以及後期三個階段[3]。有情一期生命結束後至投生前一剎那期間即是中有或謂中陰身。此中陰身據《大毘婆沙論》的說法，或名為「中有」或「健達縛」，或說「求有」，或稱「意成」[4]。《俱舍論》中，另有「起」之稱[5]。有部論師則將有情輪迴生死的過程，分為本有、死有、中有、生有四段[6]。另根據《鞞婆沙

---

[2] 陳兵（2004），《生與死的超越》。臺北：百善書房，頁 192。

[3] 蓮花生大士原著，徐進夫譯（1999），《西藏度亡經》。臺北：天華出版事業公司，頁 54-55。

[4] 《大毘婆沙論》，大正二十七冊，363 上。

[5] 《俱舍論》，大正二十九冊，55 中。

[6] 「本有」是生有與死有間的生命體，有情從入胎的剎那（生有）起，一直到生命結束的剎那（死有）為止，這期間的生命體，稱之；「死有」是命終的剎那，是介於本有與中有間的剎那存在；「生有」是結生的剎那，也是中有後與中有間的剎那存在；「中有」是有情生命結束（死有）後，至投胎（生有）前的剎那。參見釋悟殷（2001），《部派佛教系列上篇・實相篇・業果篇》，頁 280。

論》的說法，中陰身又有中陰、意乘行、香陰、求有四種不同的稱謂[7]。

無論稱謂為何，中陰身主要指的是中間過渡的意思。關於這樣的中間過渡性存在，藏傳佛教的《中陰得度密法》將之分成六種不同的中陰存在，其內容如下：

1.生處中陰（Kye Ne Bardo）：總攝了覺悟實相的虛幻經驗，含括了此生所有的善業與惡業。
2.夢裡中陰（Milam Bardo）：指的是入睡中肉身的所有心識活動。
3.禪定中陰（Samten Bardo）：指謂從最低層的領悟到覺悟成道的無數禪定經驗。
4.臨終中陰（Chikai Bardo）：指的是經歷死亡狀態的過程。
5.實相中陰（Chonvi Bardo）：又稱為法性中陰，佛教認為當一個人往生之後，會進入一段完全沒有意識的狀態之中，不久之後再重新恢復意識；並進入投胎到六道輪迴的過程，這段期間死者將感受到由心識所發出的種種幻象，亦即是死亡剎那所體驗的實相意識。
6.投生中陰（Sipai Bardo）：其心理感覺如同昏睡之夢境，自我意識昏迷，處於不由自主當中，失去自我控制的能力，隨順業力的引導，無有選擇之餘地。

藏傳佛教雖然對於中陰身有這六種不同的說法，不過並不表示這六種中陰的說法都和死後輪迴轉世有關。其中，真正有關的中陰說法是投生中陰的論述。除了上述藏傳佛教的中陰說法外，佛典中對中陰身另有許多詳盡的論說。例如像《正法念處經》的敘述即是。在這部經典中，更提出了十七種中陰之說，其內容如下：

1.人中死生於天上的「中陰有」。

---

7 《鞞婆沙論》，大正二十八冊，520a。

2.閻浮提（Jambudvipa，即瞻部洲）人命終，生鬱單越（Uttarakuru，即北俱盧洲）的「中陰有」。

3.閻浮提人中死，生瞿陀尼（Aparagodaniya，即西牛貨洲）的「中陰有」。

4.閻浮提人命終，生於弗婆提界（Purvavideha，即東勝身洲）的「中陰有」。

5.鬱單越人死，以下品業生於天上的「中陰有」。

6.鬱單越人死，以中品業生於天上的「中陰有」。

7.鬱單越人死，以上品業生於天上的「中陰有」。

8.鬱單越人命終，生於忉利天的「中陰有」。

9.瞿陀尼人命終，生於天上的「中陰有」。

10.弗婆提人命終，生於四天王天的「中陰有」。

11.餓鬼中死，生於天上的「中陰有」。

12.畜生中死，生於天上的「中陰有」。

13.地獄中死，生於天上的「中陰有」。

14.人中死於人中的「中陰有」。

15.天中命終，上生天上的「中陰有」。

16.天中命終，退生下天的「中陰有」。

17.弗婆提人命終，生瞿陀尼人，以及瞿陀尼人命終，生弗婆提人的「中陰有」[8]。

針對這十七種中陰有的說法，我們發現《正法念處經》的重點是以人、天善道的立場，分別描述中陰身輪迴轉世的種種狀況。關於這一點，顯然和《中陰得度密法》稍有不同。對《正法念處經》而言，六道輪迴是不發生於色界和無色界的；因為，天界（色界和無色界）沒有「肉身」，只有

[8] 相關十七種「中陰有」，詳見《正法念處經》，大正十七冊，197c201b。

升降沒有六道的輪迴。因此，當我們在關注中陰身的論題時，必須要在法性中陰與投胎中陰兩個階段深入，才能於中陰身的投胎轉世中，找到一條貫通生死的通道。

至於佛教經典中對於中陰身投胎轉入人道輪迴的論述，當以竺法護所譯之《修行道地經》最為詳盡，其言：

> 行不淳一或善或惡當至人道。父母合會精不失時子應來生。父母德想而俱同時等。其母胎通無所拘礙。心懷喜躍而無邪念。則為柔軟而不〔怡-臺+龍〕悷。無有疾疹堪任受子。不為輕慢亦無反行。順其正法不受濁污。即捐一切瑕穢之塵。其精不清亦不為濁。中適不強亦不腐敗亦不赤黑。不為風寒眾毒雜錯與小便別。應來生者精神便趣。心自念言設是男子。不與女人共俱合者。吾欲與通起瞋怒心。恚彼男子志懷恭敬。念於女人瞋喜俱作。便排男子欲向女人。父時精下其神忻歡謂是吾許。爾時即失中止五陰便入胞胎父母精合。既在胞胎倍用踊躍。非是中止五陰亦不離之。入於胞胎是為色陰。歡喜之時為痛樂陰。念於精時是為想陰。因本罪福緣得入胎是為行陰。神處胞中則應識陰。如是和合名曰五陰。尋在胎時即得二根。意根身根也[9]。

佛教主張每人的業行不一，即使於人道之因果輪迴，父母與子女的業行福報亦須相同，方能順利住胎轉世。世間一切事物都是剎那生滅相續，中間不可能有間斷。人的生命亦復如此，從現世五蘊生中有五蘊，期間亦無間斷，死後從臨終一念，即生起中有五蘊。《修行道地經》可說是最早傳入中國有關「中陰身」的說一切有部的佛典，其中廣泛地討論有關「中陰身」的問題，包括中陰身的壽命、形狀大小、五官是否完整、與生前狀態、投胎型態、是否有衣服、飲食、入胎條件、與業報之關係、凡夫的中陰身特徵、中陰身在死亡過程中的運動狀態、中陰身與「隔陰之迷」、淨

9 《修行道地經》，大正十五冊，186c187a。

土的往生與中陰身的關係等等問題至為詳盡。於此，人死後精神不滅、輪迴、業報等觀念便深植人心，成為佛教傳播於民間信仰的基本教義。以下即進一步探討中陰身存在性質的問題。

三、中陰身的存在性質

既然中陰身深具意義，扮演人死後投胎轉世的關鍵地位；進一步而言，中陰身具有什麼樣的存在性質呢？又將形成何種生命解脫的境況呢？首先，我們探討中陰身會不會像活著時那樣具有時空性質的問題？因為，對佛教中陰身之論點而言，一個人活著時雖然也屬於中陰階段之一種，但此並非指我們現在所謂的中陰身。一個人要真正進入中陰身的階段，基本上必須處於死亡的狀態。不僅如此，他還必須脫離身體的存在方成立。因此，就中陰身脫離身體存在而言，中陰身的存在實不應具有時空性。一旦中陰身的存在仍具有時空性，即形成中陰身必須具有身體才能滿足成立的要項。由此推之，中陰身的存在與我們在一般時空中的存在完全不同。果若如此，中陰身的存在又將是具有哪一種性質的存在呢？

由於中陰身是離體之後的神識所現。雖然中陰身與神識的存在型態不同，但在本質上實無二致。因此，我們可以藉由對神識性質的瞭解，進而瞭解中陰身的性質所在[10]。根據我們的瞭解，神識的存在是一種意念性的存在[11]。因此，神識是可以隨著意念的變換而變換，不會受到身體時空的限制。誠如星雲大師所言：中陰身「……具有神通，能夠穿透銅牆鐵壁，

[10] 尉遲淦（2008），〈人生的最後告別——如何安頓亡者：從殯葬服務到後續關懷〉，《生命禮儀與殯葬文化的提昇研討會論文集》。高雄：中華佛寺協會，頁 c14。

[11] 索甲仁波切著，鄭振煌譯（1996），《西藏生死書》。臺北：張老師文化事業公司，頁 359-360。

來去迅速，無所障礙。惟有母親的子宮和佛陀的金剛座不能穿越」[12]。由此可見，神識不但具有移動到任何地方的能力，也具有幻化成各種不同存在的能力，是具有不可思議神通能力的存在。換言之，中陰身亦具有同樣的神通能力。

話雖如此，但並非意指中陰身之神通能力的展現毫無限制。畢竟，在空間的移動上，中陰身雖具神通能力可隨意念穿梭無礙，然此種移動仍然是有其限制。例如母親的子宮只有在投胎轉世之時方能進入。又如佛國世界亦非中陰身任意可至之所，只有在自己開悟成道，進入涅槃成佛之時才能進入。此外，以存在內容的角度而言，中陰身縱能任意幻化成任何的事物，然此種幻化的現象始終維持於變化的狀態當中，無法如常固定。就此而言，中陰身表相似乎神通無限，但實體上卻是有所受限而無法全然自主。進而言之，中陰身並非如表相所示具有神通無限[13]。

既然中陰身限其所限，是一個過渡性的存在現象，那麼我們進一步探討中陰身要經過多久的時間才能投胎轉世的問題？根據《阿毘達摩大毘婆沙論》的說法，中陰身的投胎轉世時間是不定的。現在，我們引述如下：

> 尊者設摩達多（Samadatta）說曰：「中有極多住七七，四十九日，定結生故。」
>
> 尊者世友（Vasumitra）則言：「中有極多住經七日，彼身羸劣，不久住故。問：若七日內，生緣和合，彼可結生。若爾所時，生緣未合，彼豈斷壞？答：彼不斷壞。謂彼中有，乃至生緣未和合位，數死數生，無斷壞故。」
>
> 大德法救（Bhante Dharmatrata）說曰：「此無定限。謂：彼生緣速和

[12]《星雲大師開示錄》。
[13] 同註 10，頁 c14。

> 合者，此中有身，即少時住。若彼生緣多時未合，此中有身，即多時住，乃至緣合，方得結生，故中有身住無定限。」

從上述的說法可知，尊者設摩達多、尊者世友與大德法救三人各有其不同論點。其中，尊者設摩達多主張中陰身有四十九天之壽命；而尊者世友則認為中陰身只有七日壽命，期間若無法住胎投生，中陰身必然死去，再次轉為另一中陰身，待因緣具足後投生；至於大德法救則強調中陰身的壽命並無限制。既是如此，到底此三人之說法何者較為合理？就中陰身本身過渡性質的角度來看，中陰身似乎無法永遠存在。否則，中陰身的存在不應為過渡性的存在，而當是永恆的存在。顯然，大德法救的說法較無成立的可能。此外，有關尊者設摩達多與尊者世友的說法並不衝突。雖然前者認為中陰身最長只有四十九天的壽命，後者卻主張中陰身每一次的生命只有七天，在七日之內沒有投胎轉世，就必須等待下一個七日之說。綜合兩者的說法，今日有關中陰身說法的源由沛然明矣。換言之，中陰身每七日投胎轉世一次，最多只有七次機會。

然此，並非意謂中陰身皆須經歷七七四十九天屆滿後方得以投胎轉世。按佛教經典所言，有的中陰身在往生當下或於四十九天內即已投胎轉世；亦有中陰身直待四十九天屆滿方完成投胎轉世的歷程。此處之所以會有此般之差異，乃受到亡者生前所造業果，亡者臨終時之意念，以及家屬為亡者所做之法事影響所致。由此可知，中陰身之意念將產生何種變化？將往何道投胎轉世？中陰身階段時程多久？等等問題之關鍵，實與中陰身本身以及相關助緣的狀況息息相關。因此，中陰身的存在期限是否須屆滿七七四十九天之久，倒是未必，一切要看相關的因緣而定。

除此之外，若說中陰身的存在期限最長僅有四十九天，那麼中陰身的投胎轉世當在何種時機為之？是距離往生時刻越早為佳呢？抑或無關緊要？事實上，就佛教的觀點而言，中陰身投胎轉世時刻的關鍵在於中陰身本身修行、臨終意念、助念和做七法事等因素。如果中陰身的條件具足，其投胎轉世之時機必然較為迅速順利。反之，若該中陰身之因緣未成，其投胎轉世必然較晚。因此，我們只要認真地修行、臨終時刻放開過度執著意念、更加專注於助念之刻、做七時盡心盡力一些，自然會有較好的投胎轉世結果，也較有機會往生人、天、修羅等善道。反之，如果我們中陰身的狀況不好，於投胎轉世之際即易往生三惡之道。所以，為了避免淪落三惡道受無邊之苦，我們必須掌握中陰身於前三次機會即完成投胎轉世的歷程[14]。

四、中陰身的存在際遇

在瞭解中陰身的存在性質之後，我們進一步說明中陰身的際遇問題。根據藏傳佛教的說法，中陰身在七七四十九天當中每一天都有不同的遭遇。那麼，這些不同的遭遇內容為何？以下，我們根據蓮花生大士《中陰得度密法》中的記載加以說明。

根據《中陰得度密法》的記載，一個未得佛法成就的常人，由於受到業力的牽引，必須經過七七四十九天的中陰境相，方得以解脫逕往六道輪迴。依照經文的論述，中陰身所經歷的前二十一天，即前三七期間內的發展，攸關亡者進入上三善道的關鍵。其中，前十四天屬於法性中陰的階段，後七天則屬於受生的投胎中陰階段。以下，我們分別說明這二十一天的中陰身際遇：

■初七：第一天至第七天，喜樂部聖尊現前

當亡靈停止呼吸三天半至四天以後，即進入法性中陰階段，開始接受一系列由業力所引發幻相的考驗。此時，如果亡靈能夠體認出這些幻相，

---

[14] 同註 10，頁 c16。

就可以獲得解脫的機會。以下，我們提供進一步的說明。在法性中陰的第一天，中陰身會看到來自宇宙中央並遍及一切淨土的大目如來與金剛虛空佛母。祂們所顯現的智慧光芒是藍色的。在這個時候，亡靈可以有三種不同的選擇，第一就是選擇獲得解脫，證得報身佛果，並安住在中央密嚴佛土；第二就是進入天界，再次投入六道輪迴；第三就是繼續經歷第二天的考驗。

如果亡靈因惡業積累過重或有神經功能障礙而在智慧強光面前躲避逃離，就必須繼續接受第二天幻相的考驗，此時會出現金剛薩多阿如來、佛眼佛母、地藏菩薩、彌勒菩薩、持鏡菩薩、持花菩薩等六位神祇；亡靈亦有機會獲得解脫，證得報身佛果，並安住在東方淨土妙樂佛國。如果亡靈沒有做正確的選擇，那麼亡靈恐墮落到地獄界，繼續進入輪迴經歷第三天考驗。

在慈悲光芒的召引之下，因為受累世的惡業以及一貫的傲慢情緒的影響而仍然執迷不悟的亡靈，於法性中陰的第三天將見到來自南方淨土榮耀佛國的聖尊寶生如來、佛母瑪瑪基、虛空藏菩薩、普賢菩薩、念珠菩薩、持香菩薩等六位神祇，並在其黃色平等性智光攝射之下獲得解脫。如果亡靈沒有做正確的選擇，那麼亡靈在藍色惡業光的牽引下，就會輪迴進入人道。如果沒有，就會繼續經歷第四天的考驗。

如果亡靈因惡業累積以及心中對於外物的執著和迷戀而無法覺悟，在法性中陰的第四天將見到阿彌陀佛、白衣佛母、觀音菩薩、文殊菩薩、持琴菩薩、持燈菩薩等神祇，其間會出現紅色的妙觀察智光引導安住往西方極樂淨土。如果亡靈沒有做正確的選擇，那麼亡靈會受溫柔模糊的黃色惡業光吸引墮入餓鬼道輪迴。如果沒有，就會繼續經歷第五天的考驗。

雖然慈悲的光芒不斷在對亡靈召引，但由於亡靈的惡業累積以及嫉妒心作祟下而無法解脫，則將面臨第五天的考驗，此時不空成就佛、貞信度佛母、金剛手菩薩、除障礙菩薩、散香菩薩、持糖菩薩等神祇現前；出現綠色的成所作智光引導進入北方淨土妙行成就佛國。如果亡靈沒有做正確的選擇，那麼亡靈會受溫柔的紅色光引進阿修羅道輪迴。此時，若沒有即時完成解脫或轉世投胎，則將面臨第六天的考驗。

在進入法性中陰的第六天，會有四十二位聖尊在一片燦爛的光芒中，伴隨著音樂共同顯現在亡靈面前。此時，亡靈若無法即時解脫安住於五方佛的淨土，將墮落到六道繼續輪迴，或再經歷第七天的考驗。

在法性中陰的第七天，諸位寂忿面容的神祇將顯現在亡靈的面前，包括十位持明主尊和諸位空行母、勇健男女、男女護法共四十二位，這將是最後一天顯現平和的幻影[15]。過此日後，亡靈將進入第二七的階段，面臨另一段解脫生死歷程與考驗。

■二七：第八天至第十四天，忿怒部諸尊現前

當亡靈進入法性中陰的第八天開始，將面臨陸續顯現的忿怒部諸尊的形象。

首先大光榮赫怒迦佛父與大力忿怒佛母現前，並將其光芒將從亡靈的髮絲中投射出來，此時的亡靈若無法領悟大光榮赫怒迦佛的本質，與之融合而證得報身佛果，則將進入第九天的考驗。

在進入法性中陰的第九天後，金剛部赫怒迦佛與金剛部大力忿怒佛母將顯現於亡靈面前，若無法領悟金剛赫怒迦佛的本質，與之融合而證得報身佛果，則將進入第十天的考驗。

在法性中陰的第十天，亡靈面對的是寶部赫怒迦佛與寶部大力忿怒佛母；同樣的，若無法領悟寶赫怒迦佛的本質，與之融合而證得報身佛果，則將進入第十一天的考驗。

此後的第十一天、第十二天、第十三天、第十四天，亡靈亦將分別面對蓮花部赫怒迦佛與大力忿怒佛母、業部赫怒迦佛與大力忿怒佛母、八位

---

[15] 蓮花生大士著，達赫譯（2006），《圖解西藏生死書》。西安：陝西師範大學出版社，頁 110-179。

忿怒相高麗女神和八位琵薩希女神、四位守門神與二十八位瑜伽女神，若無法與其相應則必前往下一個階段接受考驗[16]。尤其是第十四天後，亡靈因無法通過種種險象幻境的考驗獲得解脫，因此而將進入投胎中陰境況，面臨更為險惡的考驗。

■三七：選擇輪迴、解脫的投胎中陰

亡靈經過恐怖的法性中陰之後，往後的五天半期間都會因所經歷法性中陰的恐怖幻相而暈眩過去。當亡靈再一次醒來之刻，便已進入投胎中陰階段，此時的亡靈將第一次感覺自己擁有了實體的身軀和重新具備感官知覺，並為此而倍感喜悅。當亡靈進入投胎中陰之後，除了重新具備感官知覺外，尚能穿越銅牆鐵壁無所阻礙地到處遊走，亡靈還可以感覺到自己生前和未來的色身。生前色身就是亡靈記憶中生前所擁有的血肉之軀，雖然這個身軀或許早以毀壞，甚至不復存在，但此中陰身卻可以意識的狀態發出明亮的光芒，讓亡靈感受到彷彿自己仍擁有一個有形的身軀。未來色身則是亡靈所體驗到的未來投生時的身軀[17]。

亡靈在投胎中陰的階段中，可以隨順進入上善三道的天道、人道、阿修羅道，或是餓鬼、畜生、地獄等三惡道。至於亡靈將選擇六道中的哪一道去投胎轉世，此則攸關於亡靈宿世所累積的善惡業力為何。如偈文所示：

> 業網有大力，能受百千萬，那由他劫數，種種諸生死。譬如繫繩鳥，雖遠攝則還，業繩繫眾生，其事亦如是[18]。

佛教認為人一切的行為都脫離不了業力的大網，因緣果報即是業的普遍性法則。業隨著人的累世造作而牽絆著生死解脫與輪迴轉世的因素；雖然佛家以緣起法則倡言因果業力之說，但業力並非無法退轉；如果能依佛

---

[16] 同註 15，頁 180-207。
[17] 同註 15，頁 214。
[18] 《正法念處經》卷 31，〈觀天品〉，大正十七冊。

法真義看破業力本質的智慧，已造之業是可以轉變、擺脫的[19]，此當是佛教因果律之真諦。因此，當亡靈於投胎中陰隨順業力而流轉生死之境，即是此中陰選擇輪迴或解脫的關鍵時機。

五、中陰身的解脫之道

對佛教而言，人的改變不只是生前的功課，還可以是死後的作為。不同的是人在生前可以完全依靠自己的力量來改變自己，替自己爭取獲得善終之機會。而死後卻只能被動地透過他人的幫助，方得以獲得較好的投胎轉世與解脫之機會。因此，佛教即主張透過做七法事的作為，來加強中陰身投胎轉世之利益。

那麼，佛教的做七法事作為如何進行呢？首先，我們探討做七法事作為當進行多久方為恰當？經檢視目前普遍的做七法事作為後，我們發現今日的做七法事已少見昔日堅持做完整個七七的境況。極大部分受限於家屬不同的認知與主客觀因素的允許條件下，而有各自不同的彈性調整；只做其中幾個主要七者有之；僅做頭、尾七者亦有之；甚至只統做一次七者亦不乏其人；更有堅持不做任何七者。到底，此般的改變究竟是對與錯呢？

就我們的理解，做七法事的進行確實與時代的變遷有關。那麼，做七法事是否必然要配合時代的要求而改變？目前的改變又是否正確呢？如果這樣的改變是對的，此是否就表示做七法事只是活人的要求，與亡者全然無關？不過，只要反省做七法事的本衷之後，我們就會覺知做七法事並非為生者而做，乃是為了讓亡者獲得較好的投胎轉世與解脫之機會而做。因此，我們當依據亡者的中陰狀態際遇而為之。既是如此，做七法事的時間實不得任意簡省，必須配合亡者投胎轉世的需要，圓滿顧

[19] 同註 2，頁 106。

及中陰的最大利益。否則，無形中也就簡省了亡者投胎轉世到較好下一世的機會。

其次，我們探討進行的方式要如何調整的問題。根據現代的要求，我們不能只顧及做七法事的需求，亦須因應時代變遷的要求？為了兩者兼顧，我們不能一方面再拘泥於做七法事的形式要求，另一方面又要回歸做七法事的實質內涵。既是如此，在今日的做七法事過程中，我們就不能要求家屬必須全員到齊、全程參與、如期辦理。換句話說，我們可以根據家屬的實際狀況適做調整。

可是，如果我們真的要做調整，其調整的內容不宜於做七時間的縮短。因為，做七時間的長短會直接影響亡者投胎轉世的權益。因此，我們僅能從做七法事的做法上予以調整。例如做七法事不再由法師完全主導。就佛教而言，一個人是否能夠得到較好的投胎轉世機會或解脫的關鍵，不在於法師本身所決定，而在於亡者對佛法的認知與態度。因此，我們調整的重心當轉變為如何讓亡者與佛法更加相應。那麼，我們要如何調整才能順利達成這個目的呢？簡言之，就是要找到可以讓亡者相信的人。只要這個人和亡者能夠產生好的感應，經由他的協助，那麼亡者就有可能接受佛法，進而得到較好的投胎轉世機會或解脫。同樣地，當為亡者做七誦經之際，所誦之經典也不一定有所堅持，只要能夠讓亡者順利接收，得到最大的利益即行。至於經誦多久，亦視亡者之需求而定，只要亡者接收得到、受用即可。所以，在做七法事的調整上，除了七七四十九天的時間不變外，我們是可以擁有很大的彈性的[20]。經由這樣的調整，中陰身顯然已然獲得最好的利益。

---

[20] 同註 10，頁 c20。

六、結語

經過上述的說明與探討，我們清楚知道中陰身的問題不只是一個理論的課題，還是一個實務的問題，尤其是應用於多元的現代社會之時。如果我們忽略了這一點，極有可能如同一般的法師或殯葬業者般，任意改動做七法事的時間。如果我們深入瞭解做七法事的根據，清楚認知中陰身的存在、性質與際遇，那麼就會知道這種改動是不妥的。只有在完全以符合中陰身本身的要求為導向條件下，才能將做七法事的功能發揮到極致。也只有這樣，我們才能提供中陰身獲得較好投胎轉世的機會或解脫。

那麼，我們要怎麼配合中陰身提供合宜的做七法事？首先，我們可以從中陰身的意念性質出發，找到可以讓中陰身接受的相應人士來進行。無論這個人是法師或者是家屬，只要他能和中陰身產生感應，讓佛法能夠得到中陰身的接納，那麼這個人就是合適之人。其次，為了配合時間上的改變，我們不能像過去那樣誦念大部頭的經典，必須針對亡者的狀態提出相應的部分，讓家屬可以在有限時間之內完成誦念超渡的工作，順利地以協助亡者投胎轉世尋求解脫，達到生死兩相安的終極目標。

參考書目

石上玄一郎著，吳村山譯（2007），《輪迴與轉生》。臺北：東大圖書公司。

伊凡（2002），《西藏度亡經——生死輪迴大揭秘》。臺北：曼尼文化事業公司。

貝瑪南傑（2004），《新西藏生死學——大圓滿自解脫道》（上下冊）。臺北：

香巴拉王國出版社。

貝瑪南傑（2004），《新西藏生死書——死之解脫》。臺北：香巴拉王國出版社。

《星雲大師開示錄》。

索甲仁波切著，鄭振煌譯（1996），《西藏生死書》。臺北：張老師文化事業公司。

陳兵（2004），《生與死的超越》。臺北：百善書房。

陳兵（2005），《生與死——佛教輪迴觀》。高雄：佛光文化事業公司。

尉遲淦（2008），〈人生的最後告別——如何安頓亡者：從殯葬服務到後續關懷〉，《生命禮儀與殯葬文化的提升研討會論文集》。高雄：中華佛寺協會。

黃俊威（1995），《無我與輪迴》。臺北：圓光出版社。

蓮花生大士著，徐進夫譯（1999），《西藏度亡經》。臺北：天華出版事業公司。

蓮花生大士著，達赫譯（2006），《圖解西藏生死書》。西安：陝西師範大學出版社。

鄭曉江（2004），《宗教生死書》。臺北：華成圖書公司。

釋悟殷（2001），《部派佛教系列上篇・實相篇・業果篇》。臺北：法界出版社。

從臺馬經驗看客家喪葬禮俗的變遷

邱達能、邱碧珍[1]、李佳諭[2]

摘　要

本論文乃是依據104年客委會計畫之實地調查成果進行之分析研究論文。首先簡介臺馬兩地客家移民特性、客家喪葬發展史與分期，再則針對計畫田野調查訪談範疇與內容做說明。本論文重心針對訪查成果共統整出五個臺馬兩地目前客家喪葬禮俗上的五大變遷趨勢：一、「殮禮」儀程由禮儀人員代為處理，親人子女失去親力親為的盡孝機會和療傷撫痛的過程。二、社會結構變化、重視自主權及尊重性別平權，傳統殯葬禮俗越來越簡化。三、時代變遷的影響，火化逐漸取代客家土葬為主的做法。四、隨著社會的變化，迎長輩回家祭拜漸少，世代間的感情聯繫漸失。受簡化的佛化喪禮及業者鼓吹，傳統以長幼親疏關係、關乎儒家禮儀之繁複的五服制，漸為黑袍或白色的運動服裝所取代。文末則針對五項變遷提出建言與方法，以及對客家喪葬禮俗未來展望。

關鍵詞：臺灣、馬來西亞、客家喪葬禮俗、客家文化

---

[1] 邱碧珍為仁德醫護管理專科學校生命關懷事業科兼任講師，104 年擔任客家委員會「跨國與轉譯——臺灣、馬來西亞兩地客家喪葬禮俗與文化研究」整合型計畫研究助理，仁德醫護管理專科學校客家研究中心。

[2] 李佳諭為仁德醫護管理專科學校生命關懷事業科專任講師，104 年擔任教育部學海築夢計畫協同主持人，協助執行「跨國與轉譯——臺灣、馬來西亞兩地客家喪葬禮俗與文化研究」研究計畫。

一、前言

對早期的社會而言，生命禮俗的主要功能在於協助人們安然度過生命過程中的各個重要階段，如出生、成年、結婚和死亡等階段。其中，死亡是所有階段中最為重要的關卡。因為，此一階段是人們從生轉向死，又從死轉向生的關鍵階段。因此，早期的社會都會特別重視這個階段的問題。當然，中國也不例外。為了讓人們可以安然度過死亡的階段，早期的中國社會建構出傳統的喪葬禮儀。其中，對於具有傳承意味的「孝道」思想更是強調。正如孔子所言：「生，事之以禮；死，葬之以禮，祭之以禮。」[3]它是儒家傳統孝道發觴的喪葬思想核心[4]。其意在父母親活著之時，能以符合禮的方式來侍奉父母，父母死亡之後從殮、殯、葬，到祭也都要依循著禮的方式來安葬祭祀父母。這一連串的作為目的在於一方面協助生者安然度過父母去世的傷痛，一方面重建生者與亡者的關係，讓原有的親情可以永續不絕。通過這樣的過程，讓整個家族的生活秩序重新恢復正常。

本來，這樣的安排方式一直是人們解決死亡問題的主要方法。然而，隨著社會的時空變遷，這樣的安排方式逐漸受到了挑戰。之所以如此，是因為這樣的安排方式是屬於農業社會的背景所形成，其所關注的重點在於執行事務而非追求效率，而當前所面對的是工商資訊社會，其所重視的卻是效率而非原先的事務執行面。在社會重視的價值面不同的狀況下，傳統喪葬禮俗發展到現代，自然就顯得更為繁瑣冗長。從戒嚴到解嚴的政治變遷，社會進入民主氛圍；工商社會取代農業社會，經濟臻於繁榮富裕，生活卻是緊張繁忙；又逢金融海嘯導致經濟波動，人們謹慎消費支出等，面

---

3 《論語．為政》。

4 郭振華（1998），《中國古代人生禮俗文化》。西安：陝西人民教育出版社，頁 115。

對種種的轉變，有人主張傳統喪葬禮俗應該全盤棄置，有人則主張傳統禮俗不是不能採用，而是要隨著時代的變化而調整。那麼，面對這種情形，我們又當如何回應呢？對於這個問題，不同的人必然有不同的回答。不過，不管所回答的答案為何？但終將無所偏離於我們生死安頓的需求。如果不能安頓我們的生死，那麼這樣的回答就沒有意義。

那麼，我們的回答會是什麼呢？對我們而言，我們不再站在閩南人的立場來回答這個問題。因為，這樣的回答多不勝數。相對的，今日我們有必要以客家人的立場來回答這個問題。畢竟，除了我們本身原即是客家人身分以外，我們所任教的學校也在客家的城鎮 — 苗栗。不過，如果這個問題只是單純理論的回答，那麼這樣的回答只是一種理論的構想。為了能夠看成一般客家人對於這個問題的回應，我們需要從實際的社會變遷來瞭解。因此，我們探討的對象就設定在臺灣苗栗的客家喪葬禮俗。

可是，只有這樣的探討仍猶不足。因為，臺灣的客家喪葬禮俗所代表的只是所有客家族群喪葬禮俗的一部分。為了瞭解社會變遷對於客家喪葬禮俗的影響，以及客家喪葬禮俗對於社會變遷的回應，我們需要進一步瞭解臺灣以外的客家喪葬禮俗的情況。基於這樣的考量，我們找到了與我們接觸緊密的馬來西亞，希望藉著這個課題的探討，也能知道馬來西亞的客家喪葬禮俗是如何的演變。在臺灣的客家喪葬禮俗和馬來西亞的客家喪葬禮俗兩者的相互對照下，探究客家喪葬禮俗是如何因應社會變遷的要求。因此，我們探討的對象就擴及馬來西亞的客家喪葬禮俗。

二、臺馬客家人的移民背景

首先，我們探討臺馬客家人的移民背景。之所以做這樣的探討，是因為臺馬兩地的客家人原先都不是臺馬當地的原住民，都是由原鄉而來的移民者。在移民過程中，都具有一些類似的際遇與經驗。對這些先民而言，移民只是為了滿足生活所需的不得已。因此，在不得已當中，他們希望能夠保存原鄉的記憶。唯有在保存原鄉的記憶下，他們才有一個奮鬥的目標，表示這樣的移民不是為了想要出走，而是希望回歸，寄望在不久的將來，可以衣錦還鄉榮歸故里。可是，隨著時間的流逝與生存條件的引導，篳路藍縷的先輩們即逐漸地融入了當地而成為當地的住民。然而，他們雖然身處他鄉異地，卻始終難以忘懷原鄉的呼喚。故此，他們即在異鄉異地與原鄉的擺盪縫隙間，用辛酸譜下生命樂章，過著既原鄉又當地的生活。對於生活與死亡的一切，他們除了遵照記憶中的傳統處理之外，仍不免需回應或適應當地的要求。於是，逐漸出現了一些變化，形成異於原鄉的做法。以下，分別簡述之。

在此，我們先探討臺灣客家人的移民情形。那麼，臺灣客家人的移民情形如何？根據學者的文獻研究[5]，臺灣的客家人大量來臺應該是在康熙二十年以後的事，當時滿清政府對臺灣統治態度相當消極，且為了避免臺灣成為盜藪反清基地，對於來臺人民多有管制，但還是難以阻絕閩粵客籍移民偷渡來臺追求新天地的情況。當時移居臺灣的先民，大多來自福建與廣東省系為主，福建省系的漢人約占百分之八十五，廣東省系的漢人約占百分之十五。而以客籍移民來說，從康熙年間開始陸續來臺，或採官方管道申請入臺，或以偷渡方式者，在早期大多都從臺灣南部臺南府治所在地登陸，但因當時嘉南府治地區已有先行來臺的閩南移民墾殖，為求生存，客家先民或在臺南府治邊緣開墾荒地，更有甘冒瘴癘與番害之危險，越過高屏溪往南墾拓者甚多。至於臺灣中部（諸羅縣）彰化、雲林、臺中一帶客家移民墾拓則要稍晚於康熙末年、雍正到乾隆年間為最多，此時客家移民採群聚方式墾拓，建立了許多以客家人為主的「客莊」。而北部（淡水廳地區）苗栗、新竹、桃園、臺北等地客家移民的開墾，依據文獻大約在乾

---

[5] 本論文有關臺灣客家移民的分布說明，參考自陳運棟《客家人》與《臺灣的客家人》。

隆末到嘉慶年間。咸豐、同治之後直到光緒時期雖仍有客家移民入墾，但人數未若早期來得多，至此之後客家移民的分布就已大致確定。

綜觀臺灣客家移民的原籍來說，來自嘉應州（鎮平、平遠、興寧、長樂、梅縣等）的客家人數最多，大約可占臺灣客家人口的二分之一左右；再來是惠州府署（海豐、陸豐、歸善、博羅、長寧、永安、和平等縣）的客家人約四分之一強；其次為潮州府屬（大埔、豐順、饒平、惠來、潮陽、海寧、普寧等縣）的客家人約五分之一強；最末是福建汀州府屬（永定、上杭、長汀、寧化、武平等縣）的客家人約十五分之一[6]。由於原鄉生活環境的自然條件，耕地缺乏，糧食不足，驅使客家先民向外發展。來到了臺灣，因為受限平原墾拓地區多為先來的福佬人所據，只能移往更偏荒的山區丘陵地。受限生活不易，客家人性格上多半勤懇、刻苦，且因墾拓地區交通不便，還不時面臨原住民的威脅，所以客家人以群聚方式，彼此幫助協力（打幫）過生活。這樣的生活環境讓客家人可以比較完整地保留原鄉的禮俗與習俗；但另一方面因為環境的遷徙，為求生存要融合當地周圍的族群，在某種程度上因變制宜產生出不同於原鄉的文化，因此臺灣的客家人具有「移墾社會文化」的型態。對臺灣的客家人來說一直有著不同於其他臺灣族群的特殊生命禮俗，尤其喪葬儀節，諸如「作齋」、「三獻禮」、「謚法」等。秉持敬祖、不忘本的精神，加上客家人長年墾拓流徙的生活，常會把祖先的骸骨背負起來一同遷徙，所以臺灣客家人產生了與原鄉迥異的洗骨改葬、篤信風水的喪葬遺俗。

接著，我們探討馬來西亞客家人的移民情形。對馬來西亞的客家先民而言，二十世紀初到了馬來西亞，面臨著異國文化、資本主義及基督教的典章制度混雜著馬來文化，又必須與其他語系的華人互動，在這樣的環境下，必須調整其生活習慣和價值觀念，憑著在原鄉學來的想法和經驗，融

[6] 陳運棟（1993），《客家人》。臺北：東門出版社，115 頁。

入當地生活；於是，客家族群在多元文化地區形成了「他鄉即故鄉」[7]的意識，同時在異鄉也發展出新的詞彙、新的信仰與祭祀新的神明。在馬來西亞落地生根的客家人新生代，把祖輩代代相傳的原鄉記憶融入新土地的日常環境，創造出現實的自我生命記憶，「客家認同」基本上已經演變成根據當地文化形成的歸屬感。以下，簡述相關發展。

早期馬來西亞華人社會中，有經濟能力的商人或社會領袖會集結在中國原鄉有地緣或血緣關係的華人，設立了「會館」或「公司」；這些組織除了協助同胞適應生活、聯絡情誼和互助互利之外，也提供同鄉的「老」、「病」照顧及醫療。當時，華人出國難，歸國更難，在東南亞的墾殖者有家難歸，也擔心在當地一旦身亡就魂靈無所寄託，因此集體承諾身後事的照顧，又有一處地方確保魂有所歸和四時祭祀，是穩定人心和促進生產的關鍵。因此，有些華人客死異鄉，宗親會館就會協助安葬或運送回鄉。當時各地的客家人會館設立為死者停靈追悼的「衛生所」，目的在於「送死」，維持同鄉風光大葬的尊嚴[8]。因此，成立了所謂的「義山」、「義塚」機制，抱持著照顧同鄉的義氣精神，打理會館所屬成員死後包括殯、葬、祭三個部分的處理，讓遠走他鄉無法回到原鄉落葉歸根的同胞，在死後免費安葬到當地的華人義塚（義山），使生者安心，死者無憾[9]。在馬國華人死亡時，華人喪禮早期依原鄉的傳統習俗辦理。其後，隨著社會的現代化漸漸簡化、西化。整個演變過程，從傳統簡陋、繁華、戰亂低迷、簡化，到商業

---

[7] 王琛發（2008），〈馬來西亞客家文化與文化產業〉。發表於第三屆馬來西亞客家學研討會《繼承與發揚：馬來西亞客家人與文化產業》，馬來西亞客家公會聯合會、美國歐亞大學、中國嘉應學院、孝恩文化基金會、霹靂州客家公會聯合主辦。

[8] 王琛發（2012），〈客家人與東南亞：從會館組織的生成與演變看未來〉。參見房學嘉、鄔觀林、冷劍波、宋德劍、蕭文評主編，《客家河源》。廣州：華南理工大學出版社，頁365-374。

[9] 王琛發（2009），〈從墓園祭祀落實儒教精神的重建——兼論馬來西亞華人社會的歷史經驗〉。發表於「多元視域下的儒教形態與儒教重建」學術研討會，中國社會科學院儒教研究中心、山東大學猶太教與跨宗教研究中心、首都師範大學儒教文化研究中心聯合主辦。

化和佛化共分為五期[10]，內容如下：

1.傳統簡陋期：1900 年之前，皆以草薦包裹遺體，埋葬之。

2.傳統繁華期：1900-1941 年，經濟能力不錯的富豪喪禮豪華，惟苦力仍持簡單的傳統形式。

3.戰亂低迷期：1941-1945 年日據及戰亂，戰爭期間僅能以簡陋不堪的方式辦理，自此以後趨向簡化。

4.傳統簡化期：1945-1980 年，西樂取代傳統樂隊，儀式簡化。

5.傳統商業化佛化期：1980 之後迄今，傳統儀式日趨簡化，商業化而奢華、多樣化，墓園奢華，佛化喪禮取代傳統儀式。喪禮越來越簡化及西化，傳統儀式式微。喪禮簡化，不是為人文，而是為省錢、省時、省儀式及宗教利益而設。

三、臺馬客家人的對象範圍及研究方法

其次，我們探討臺馬客家人的對象範圍。原本，最理想的方式是針對分散在各地的所有客家人進行研究。但是，要做到此點困難度極高。因為，要達成這個任務目標必須花費相當大的人力、物力、時間與經費。在人力、物力、時間和經費皆有限的情況下，我們不得不將研究範圍限制在研究者任教的學校仁德醫專生命關懷科之所在地的臺灣苗栗，以及本科的實習基地馬來西亞吉隆坡與各州客家人主要的埋身之處的義山。唯有如此，我們的研究方能做得較為完整與深入。

為了達到這個目的，在研究的方法上，我們亦不能僅僅採取單一的方法為之。因為，單一的方法必然只有單一的效果。為了完整而深入地瞭解

[10] 李永球（Lee Eng Kew）（2012），《魂氣歸天——馬來西亞華人喪禮考論》（*A Study of Chinese Obsequies in Malaysia*）。馬來西亞：漫延書房。

臺馬兩地的客家喪葬禮俗，我們必須採取多元的研究方法。在此，第一個採取的研究方法就是文獻分析法，目的在於瞭解臺馬兩地客家喪葬禮俗過去所有的相關記錄與研究。在瞭解過去的相關記錄與研究之後，我們進一步採用田野調查法，目的在於蒐集目前實際的執行情形，瞭解目前客家喪葬禮俗的實際運作狀況。不過，只有這樣猶仍不足。因為，這些瞭解幾乎只是表面的瞭解，未必能夠深入其中。為了能夠深入其中，並進一步確保這樣的瞭解沒有問題，我們進一步採取深度訪談的方法。經由專家與耆老的深度訪談，一方面深入瞭解臺馬兩地的客家喪葬禮俗，一方面確認上述所蒐集到的資料是否瞭解正確。通過上述這種深入與確認的過程之後，我們最後再使用思辯方法，將上述所得到的成果做進一步的統整與批判分析，形成本論文最終的結論。希望藉由這些方法的應用，除了可以瞭解臺灣苗栗客家喪葬禮俗的演變過程與發展趨勢外，還可以掌握馬來西亞客家喪葬禮俗演變過程與發展趨勢的實況。

四、臺馬客家喪葬禮俗的變遷與發展趨勢

最後，我們探討臺馬客家喪葬禮俗的變遷與發展趨勢。臺灣和馬來西亞雖屬不同的客家族群，但其祖先所來自的原鄉卻有相關性。無論是對文化的看法，還是對祖先的觀念，基本上都所差無幾。不過，受到移民外地的影響，在生活和文化上難免存在著適應與調整的問題。因此，當兩地的文化與在地文化融合之後即逐漸產生新的內涵。在面對生命與死亡的問題時，相關的生活禮儀與殯葬儀節必然逐漸出現新的風貌。關於此點，我們在文獻記錄和實地訪談中都不難發現其間的同異與變遷之處。喪葬儀節的主要對象是「亡者」，進行時需要處理「遺體」、「靈魂」和「生死關係」[11]。

[11] 黃芝勤（2015），〈臺灣近代的喪禮告別式〉。臺北：國立臺灣政治大學民族學系博士

整個喪期大致分為「殮」、「殯」、「葬」、「祭」四個階段，其中「殮」和「葬」是對遺體的處理；「殯」和「祭」是對生者心理撫慰和亡者靈魂處理的時期；而整個喪禮進行則是家屬從悲傷情緒中走出至對亡者的崇敬心理的過程，是為生死關係的處理。以下，我們分別從「殮」、「殯」、「葬」、「祭」和「服制」五方面來說明臺灣和馬來西亞客家喪葬禮俗的變化，並反思現代客家喪葬禮俗的影響及其未來的方向。

(一)「殮禮」儀程由禮儀人員代為處理，親人子女失去親力親為的盡孝機會和療傷撫痛的過程

「殮」的階段所表現出的是親人對於亡者之不捨與悲痛之情。由於社會環境變遷，傳統文化跟著時代腳步調整，部分觀念、儀俗或保留，或修改，或消失。

傳統喪禮流程中的「養疾慎終、沐浴和殮」[12]，包括其中在病重者臨終時，有「移入廳下、辭土、淨身、換壽衣、交代遺囑、分配財產、託付、掛孝廉」等過程，在臺灣與馬來西亞兩地，受到佛教「人死八小時不移動遺體」之說影響，在八小時助念之後才開始行之，目前逐漸成為兩國的主流。過去，我們會認為為親人淨身換壽衣是一件很正常的事情。但是，現在在死亡禁忌與怕麻煩或心情哀傷的影響下，很多家屬都不再親力親為了，只知將這樣的事情交由禮儀服務人員來處理。這樣做的結果只會讓自己失去盡孝的機會，也失去療傷撫痛的機會。因為幫亡者淨身是表示協助亡者恢復他人格的清白[13]，使他得以面見祖先，不致成為孤魂野鬼而有一個好的歸宿，家屬能為亡者盡一份最後心力，也能在盡心力的過程中療傷止痛，進而產生悲傷輔導的效果。現在，有的殯葬公司從日本引進湯灌的

論文。

[12] 徐福全（2008），〈臺灣民間傳統喪葬儀節研究〉。臺北：臺灣師範大學國文研究所博士論文。

[13] 同註 10。

設備，進行所謂的遺體SPA，讓整個淨身的過程現代化多了，也比較能達成淨身的效果。在淨身以及穿衣的過程中，若能有部分儀式由家屬參與，就能在傳統觀念與現代做法中獲得一個比較合乎人性需求的平衡。

另外，在「殮」期階段消失的傳統喪葬禮俗有：現代社會已經由殯葬公司代為處理遺體，在小殮之前均已沐浴更衣完成，就沒有「乞水」之必要了；在傳統喪禮中有「哭喪」之儀，對亡者圍柩舉哀，哭出心中之悲痛及不捨，唯「哭踊無數、哭踊有節」[14]。現在「哭喪」之儀已少見，在臺灣只有少部分人仍保有悲傷之情，大部分臺灣人和馬國社會，已經不如從前顯示出悲痛之情，孝眷常有微笑向弔唁者招呼或與來弔唁之人談笑風生者。

尚存或調整的禮俗有：由家人或子女代亡者謝天神的「辭土」禮俗；至於「辭生」的禮俗，端視擺置遺體場地是否允許，或家屬是否一定堅持要做而定；因醫療器材的使用，病危將嚥氣者可以以生命維持器維持至返家後才斷氣，或是將遺體直接移入殯儀館，就可以不受「冷屍不入莊」習俗的影響。「掛紅」習俗部分多有修改，甚至只有在鄰居家門口貼張紅紙；「訃聞」，臺灣是近親派人口頭通知（現在改以電話通知），遠親則郵寄訃聞，訃聞內容從傳統文言文訃聞到現在顛覆傳統的白話文訃聞，樣式也趨於多樣化；在馬來西亞則以「登報通知」方式告知親友；棺木「打桶」是為保存遺體和防屍水外漏，現在有「防腐處理」和「冰櫃保存遺體」，則不需要打桶，減少污染問題，也可讓親戚朋友在告別式當天見亡者最後一面；小殮時的「飯含」置放於遺體上的不再是將嘴巴打開塞入紅包、錢幣，改以一顆珍珠置於唇外，觀感上較為柔和與人性化；客家人將孝心放在心中，不強調過於外在的「戴孝」行為；不需要剪下部分的「遮身幡」，改

---

[14] 《漢書·禮樂志》：「哀有哭痛之節，樂有歌舞之容。」顏師古註：「踴，跳也。哀甚則踴。」古代，父母死，親子要「交手哭踴無數，惻怛痛疾」（漢 戴德《喪服除變》）。後來國君之喪，朝臣朝夕到靈堂踴，嗣皇帝往往也「號慟擗踴，終日不食」，「哭踊無數、哭踊有節」。

由禮儀公司準備好尺寸適合的「蓋面被」一一蓋上；由族長或娘家人執行封棺儀式後的「子孫釘」，不須由子孫口咬，而由殯葬人員直接交給長孫放在香爐內；「手尾錢」事先分裝在紅袋內，封棺後交給長孫，分發給家人。

(二)社會結構變化、重視自主權及尊重性別平權，傳統殯葬禮俗越來越簡化

在停殯階段，是讓喪家人與亡者關係由近而遠拉開的階段，將家屬心中的悲慟與對亡者的不捨，從設靈堂到最後的祭奠禮，一一藉由喪禮儀式進行的過程，化為正面的能量。宗教科儀的進行，具有儀式、教化、娛樂的三大功能，有其隱含的意義即存在的價值[15]，如作齋、做功德的法會誦經，做法會、普渡時的燒庫錢等。隨著社會的變化，無論是在臺灣還是馬來西亞，我們都發現一個共同的現象，就是人們對於殯葬的處理越來越簡省。昔日的傳統，有一定的規定儀程，現代社會中，因為住宅型態改變、人口結構少子化、火葬比例提高、殯儀館的使用、殯葬專業化、宗教信仰多元化和科技進步[16]，以及經濟繁榮、時間觀念、社會結構、商業因素、教育普及、政治及貨幣制度、交通便捷以及新物質之產生取代舊有者等因素，喪葬儀節而漸演變[17]。如，「燒庫錢」儀式，受到簡約風潮或者業者商業化的要求所致，或有人減省到最少，或有人燒數千至數萬之庫錢，均非遵照原有意義而行。除了社會結構越來越往小家庭的方向走以外，人們在科學的薰陶下認為為亡者做過多的花費實無此必要。如果真要花費，也應把錢花在有希望的孩子身上，而不是沒有希望的亡者。這種發展的結果，

---

15 楊士賢（2010），〈臺灣釋教拔渡法事及其民間文學研究——以閩南釋教系統之冥路法事為例〉。花蓮：國立東華大學民間文學研究所博士論文。

16 洪筱蘋（2009），〈從臺灣閩南諺語與語彙看喪葬禮俗之變遷——以嘉義地區為例〉。嘉義縣：南華大學生死學研究所碩士論文。

17 徐福全（1992），《臺北縣因應都市生活改進喪葬禮儀研究》。新北市：新北市政府。

有關喪葬禮俗的處理便越來越簡化，也越來越不受重視。長此以往，難保有一天喪葬禮俗在不知不覺當中即消失無蹤影。

如果我們不希望如此，仍然認為喪葬禮俗具有傳承文化的價值，那麼就必須設法從中找出它可以繼續存在的理由。那麼，要如何做才可能？就我們的瞭解，有關簡省背景的瞭解很重要。例如，「守靈」之習俗，是出殯前子孫在靈幃守靈、夜間在柩旁敷蓆而眠（睏棺腳），一是為確認亡者是否復生，或防止遺體遭損，甚而有「闢貓」的習俗，現代社會則較無此顧慮；二是要掌握靈堂上香爐之香火不斷；三是為表示不捨與親人分離；「供飯」則表示事死如事生般奉養。現代社會的生活型態，住在都市中或集合住宅的喪家，因為場地關係，靈堂設置之處不一定在家中，如能在家設置者，可以三餐「供飯」、由子孫「守靈」，若不方便而租用禮儀公司提供的空間設置者，如無法到場時，則由禮儀公司代行「守靈」，也許就不一定供三餐了。過去在拜飯時都有一定的禮俗規矩，如果不按照這樣的規矩治喪，那麼這樣的作為就是不孝的。現在，為了配合時代對於自主權的要求，我們在拜飯時就不再拘泥於傳統的規矩，而改用亡者喜歡的食物。之所以有這種改變，是因為這樣的改變較能符合亡者的需求，也才能真正安頓亡者。所以，從這一點來看，這樣的作為才能達到療傷止痛的效果。因為，這樣的作為可以消除死亡所帶來的隔閡，讓生者與亡者認為彼此的關係有如生前一樣。只要瞭解這樣的背景，我們就可以找出足以解決問題的因應之道。我們之所以會採取簡化的作為，主要在於喪葬禮俗形成的背景不同。傳統的喪葬禮俗是形成於農業社會的背景，自然不能適用於工商資訊社會追求效率的背景。如，因家庭結構縮小及人口老化的影響，治喪事宜由孝眷直接與禮儀公司接洽安排辦理，甚至女兒也可參與治喪事宜之決策[18]，不再透過宗族長輩來決定；由鄰里、親族互相幫忙治喪事宜的畫面，也由專業的禮儀服務業者所取代。又如，治喪空間方面，昔日在自宅

[18] 同註 11，頁 290。

或旁邊空地「搭棚」辦理祭奠禮，是以亡者的「家」附近為主，是亡者與其家人生活重心的空間，使亡者有熟識感、歸屬感，而家屬方便處理相關事宜；後來因住宅型態高樓化，沒有了「埕」可搭棚治喪，改為道路或附近空地搭棚，時至今日，殯儀館的陸續增建，使用殯儀館治喪的人數逐漸增加，喪葬儀式的道場、祭場和式場運用也漸漸改變，傳統的儀式內容也隨場地不同而調整改變[19] [20]；重視禮廳布置統一性及美觀，輓額、輓幛和輓聯等懸掛方式也有所調整[21]。又如，宗教法會一般會在出殯前一天完成一到三天的佛事或功德法會（作齋），藉以超渡亡魂、薦及祖宗和普渡無主孤魂[22]，而在奠禮當天僅進行簡短的誦經儀式；今日社會無法像過去有許多時間治喪，以及人們認為是迷信之說，相關宗教法事都有合併或簡化的趨勢，在前一天完成宗教法事，當天誦經約只用 10~30 分鐘。為了能夠適用，我們當然不能死守過去的作為，否則，在食古不化的情況下，這樣的作為就會被看成不合時宜而遭受淘汰。所以，我們如果不想有此下場，那麼就必須與時俱進讓一般人沒有藉口。又如，在奠禮方面，亦即日治時期所開始一般人所謂的「告別式」[23]，是指從靈位或棺柩移入告別式場開始，到送殯隊伍離開告別式場所結束，屬於徐福全研究中的「葬日」前半段[24]。在家治喪者，在移柩時，重視師公敲擊鐃鈸、敲鑼和吹嗩吶三條件，現在減省到只有法師敲擊鐃鈸和念經；之後的「壓棺位」儀式也逐漸被減省不見[25]，在殯儀館治喪者，上述兩項則是省略之。臺灣方面受到政府推

[19] 徐福全（1999），〈臺灣民間傳統喪葬儀節研究〉。臺北：臺灣師範大學國文研究所論文，頁 384-385。

[20] 劉益彰（2006），〈彰化地區殯儀館建築空間之研究〉。雲林：雲林科技大學空間設計系碩士班碩士論文，頁 84-85。

[21] 同註 11，頁 152-154。

[22] 同註 19，頁 393-394。

[23] 黃芝勤（2014），〈臺灣喪禮告別式的研究史〉。國立政治大學民族學系《民族學界》，第 33 期，頁 155-190。

[24] 同註 12。

[25] 同註 11。

行的「國民禮儀規範——現代國民喪禮」[26]之影響，許多禮儀都減省了，如客家的特色「三獻禮」只保存了「孝子禮」，昔日的親族一一奠酒，今日則以同輩子孫為一奠酒單位，分批進行祭奠，以此向亡者告別；馬來西亞受佛化喪禮影響，行禮方式也大為簡化。傳統表祖先清白人格、保護屍體及奠死者之「備茅砂、以酒灌之」[27]的儀式大多也減省之。祭品方面，傳統喪禮中喪家及近親準備牲禮祭拜亡者，今日有許多以「代金」形式出現，祭品牲禮多由禮儀公司幫忙準備或委請喪宴辦桌師傅幫忙準備，且出現替代性的祭品，傳統的三牲，以水果、餅乾、飲料等代替，祭檯供桌區也因而減省許多空間。在「執禮者」方面，除了「封釘者」維持由父執輩（母親外家）執行封釘儀式，「點主官」維持由尊長或具有官階的人擔任外，人選已不限定由男性為之。近年來，臺灣社會中禮儀公司內受過專業訓練及通過證照考試的禮儀師[28] [29]更漸漸取代傳統社會中主持喪禮的宗親長者。對於表達子女之感念及哀傷之情的「哀章、家祭文」[30]、歌頌讚揚亡者對社會團體之貢獻的「公祭文」，除了少數家庭願意親自為之外，多數則由專業司儀或禮儀師以制式的文本修改擬文並代為朗讀。而馬來西亞受到臺灣的影響，往昔由師父主持、壽板店協助治喪事宜的模式，也漸漸由禮儀公司所取代。在家奠禮與公奠禮中間有「亡者生平介紹」，往日由一位諳熟亡者的親友介紹生平事蹟，並印發單張或小冊之追思文；現在多由家屬製成「追思手冊」或「亡者生平追思光碟」所取代，在光碟中背景及音樂製造的氣氛之下，透過影片內容，再次連結生者與亡者之關係，其

---

26 內政部（2012），〈慎終追遠‧性別平等〉，《現代國民喪禮》。臺北：內政部，頁 67-76。

27 楊炯山（2002），《喪葬禮儀》。新竹：竹林書局，頁 473。

28 陳繼成（2002），〈臺灣現代殯葬禮儀師腳色之研究〉。嘉義縣：南華大學生死學研究所碩士論文。

29 蔡少華（2007），〈殯葬禮儀師之專業成長歷程——以懷恩祥鶴公司為例〉。新北市：輔仁大學宗教學系碩士論文。

30 在《禮記》及國禮儀範例中有「家奠」、「團體祭奠」等用詞，但受日治時期影響，伊丹習慣仍稱「家祭」、「公祭」，在 2000 年左右，受徐福全、尉遲淦、楊炯山等專家指出錯誤，殯葬業逐漸恢復正確的用詞。

「追悼」及「紀念」之價值顯現。如此一來，喪家親屬只須聽從禮儀人員指示進行，對於各種儀程的禮儀內涵不再有所認知，甚至有家屬認為那些過程是不必要的。「祭祀」的「莊嚴肅穆「」也讓「紀念」的「隆重熱鬧」取代，以致原來的「哀悼」的概念，也「告別」了我們[31]。現在更受到宗教信仰自由的影響，家庭中人可以擁有不同的信仰。當死亡事件發生時，家中的晚輩就會依循個人信仰表現自己的孝順。本來，這樣做也沒有什麼問題，只要能夠盡孝就好。可是，站在亡者的立場，這樣的盡孝方式是會讓亡者備感困擾的。所以，為了尊重亡者，不要讓亡者那麼困擾，我們有必要調整自己的做法，一切以成全亡者為主。這麼做的結果，不僅亡者可以得到安頓，生者也可以產生療傷止痛的效果。否則，在各行其是的情況下，是很難有正面效果的。

可是，只有這樣做還不夠。因為，與時俱進只是形式上的配合。如果要從形式配合進入實質合宜，那麼就必須重新開發屬於喪葬禮俗內在的涵義，表示這樣的涵義並沒有隨著時代的變遷就變得不合時宜。相反地，這樣的涵義還是歷久彌新一直符合我們的需求，引導我們對於死亡的處理，安頓我們的生命。因此，深挖傳統喪葬禮俗的精神是很重要的，讓我們知道傳統喪葬禮俗不僅是實踐孝道而已，更重要的是家族生命與精神的傳承。唯有如此，傳統喪葬禮俗才有繼續存在的價值。

此外，現代社會也強調平權的重要性。過去，雖然認為男性才能傳承衣缽，但是這樣的認為卻帶來了男女的不平等，也為家族帶來一些看不見的傷害。現代社會已經是性別平權的社會，無論家中有沒有子嗣，這樣的情況都不會影響家庭的正常運作。既然如此，在面對長輩死亡的情況，我們就不一定要按照傳統的規定，只能由兒子捧斗，也可以由女兒捧斗。更重要的是，無論是由誰捧斗，重點在於他們對於這個家的認同有多少？只要他們認同了，那麼家庭傳承的任務就完成了，彼此之間因著生死所產生

---

[31] 同註 9。

的傷痛也就可以得到不少的撫平。

(三)時代變遷的影響，火化逐漸取代客家土葬為主的做法

葬禮，從奠禮結束後發引還山開始，到返主安靈，這段儀程所進行的各項活動歸之為「葬禮」。其中，包括出殯、路祭、辭客、營葬、做墓、返主、安靈和其他相關各種儀節。因應現代社會的生活型態，禮儀公司承辦安排一切的喪葬活動，有專門的抬棺者，不需由同姓宗親擔任；出殯行列除了至親外，其餘人等在喪宅門口或殯儀館大廳外目送，鑼鼓樂隊減省，只有部分尚有簡單的八音或鑼鼓；至於「路祭」就不一定會出現了。這些改變，除了是生活居住型態不方便因素之外，對喪葬文化不瞭解、觀念的改變，及對傳統文化重視與否也是重要原因。

華人對死者的處理，過去以來一直有「入土為安」的傳統說法。這一種說法，基本上就反映了一種思想，這種思想反映了活著的人對死去的人的遺體的尊重，也是把人與人活著時的社會關係延續到死者去世後。人們如何對待死者的遺體、做如何的處理，即表示生者對死者有著何種程度的最後責任。就傳統而言，過去臺灣以及馬來西亞的客家人，都是採取土葬的方式安置遺體。可是，在時代變遷的影響下，現在政府推公墓公園化，或火化進納骨塔，火化已逐漸取代傳統土葬的做法。不過，無論怎麼改變，這樣做法的本質其實是不變的。也就是說，是以孝道的實踐與家族的傳承為主。既然如此，那麼我們在變化的過程中就要特別注意這樣的傳承內容。否則，在葬法的改變下，這樣的本質隨時都會有流失的可能。尤其是，環保葬的興起更容易產生這樣的問題，彷彿不傳承也可以。

例如在臺灣，海葬的興起就產生了這樣的問題。對許多人而言，海葬是一種很浪漫的做法，只要把自己灑向大海，彷彿自己就是大海的一員。但是，在這樣灑向大海的過程中，他們忘記了一個問題，就是灑完的那一刻他們和親人之間的關係可能也就告一段落。如果他們不在意這樣的結

束，那麼一切也就無所謂。可是，如果他們還希望聯繫彼此，那麼這樣的作為就會帶來無形的傷害。如果我們不希望帶來這樣的傷害，那麼就必須預做未來如何進一步聯繫的準備。否則，有關死亡所帶來的傷痛問題是無法化解的。

(四)隨著社會的變化，迎長輩回家祭拜漸少，世代間的感情聯繫漸失

「祭」禮指的是從「葬」後返主安靈之後，到洗骨安葬等所行之一切禮儀。過去家中都會把長輩迎回家中祭拜，包括每日三餐供飯到圓七或百日或對年，滿期之後「化香火袋」、「除餐飯」、「除孝」、「除靈」，之後早晚上香到「合爐」等。在臺灣和馬來西亞各有不同的表達方式[32]，其意義均在於藉由祭拜儀式，讓家人與亡者之間保持情感之聯繫。但是，隨著社會的變化，無論是臺灣或馬來西亞會把長輩迎回家中祭拜的越來越少。現在有許多人為了減省時間和精神，也比較不在乎禮數，大多聽從殯葬人員的建議，做七之日漸縮減提前，甚至有在出殯之後由師父誦經，稟告亡者所有祭拜儀程一併辦理。在臺灣習俗中有「居喪不應酬、不進寺廟、不觀劇聞樂、不婚嫁、親亡一年內不可做鹼粽、年糕」等禮儀規定；現在現實社會注重禮尚往來，也較不重視傳統文化，年輕人較難遵循守喪期間不聽歌、不看戲等娛樂活動之禮儀規定，甚至有孝眷在殯期喪宅中看電視，守靈時打牌、下棋，離開喪宅時就照樣交際應酬、進行聽歌、看戲等娛樂活動。面對這樣的問題，我們不能透過強迫的方式讓家屬一定要怎麼做，但是，在任意作為的情況下，喪葬禮俗所要達到的傳承任務就會消失。「祭祀」，本就具有將空間神聖化的功能，也即是令人們在有限的時間和空間的配合中，各就其位，通過動態的儀式與靜態空間之間的互動，將祭祀的

---

[32] 邱達能、王慧芬、林明燦、鄧明宇等，104 客家委員會結案報告「跨國與轉譯——臺灣、馬來西亞兩地客家喪葬禮俗與文化研究」整合型計畫，仁德醫護管理專科學校客家研究中心。

精神內涵契合祭祀者的精神與思想境界。祭祀禮儀之所以肅穆莊嚴，在於讓整個活動變成名正言順、直接感觸在場者心靈，於是便能用崇敬的心靈去感受到空間與時間轉換成為神聖意識的載體，從而提升人生的信念與展望[33]。因此，如要傳承傳統文化之內涵，要在禮儀程序進行或改革時，殯葬人員應改予以說明原來儀式之意義，及改革的原因；為了避免彼此親情關係的中斷，我們需要以另種紀念方式重新喚醒他們彼此之間的感情聯繫。唯有如此，他們彼此之間的情感關係才不會在社會的變遷下消失無蹤影。至於表達的形式要變得如何，其實並沒有那麼重要。

另外，目前在「火化代替土葬」的趨勢之下，客家的二次葬習俗之「洗骨安葬」程序也逐漸減少，此現況除了降低家屬在時間、心力的負擔之外，在環保議題上也是有所助益的，在客家喪葬習俗的現代化上，是一大改善與提升。

(五)受簡化的佛化喪禮及業者鼓吹，傳統以長幼親疏關係、關乎儒家禮儀之繁複的五服制，漸為黑袍或白色的運動服裝所取代

從徐福全（1983）「喪服制度淵源」於「儀禮 喪服篇」記載，依傳統喪服制度，所謂喪服，係指亡者之親屬（包括卑對尊與尊對卑）因死者死亡所穿之服飾及守喪之行為規定，從本宗九宗五服圖[34]、古禮五服表[35]、孝服四制的變化[36]和《禮記》中穿戴孝服六原則[37]的文獻記載，可發現喪服穿著可表現出親屬結構。後來，經過多年演變，傳到臺灣地區，變成只有卑

---

[33] 同註 9。

[34] 呂子振（1985），《家禮大成》。臺中：瑞成，頁 42-43。

[35] 徐福全(1989)，《臺灣民間傳統孝服制度研究》。臺北：文史哲出版社，頁 28:680-682。維基百科網站，http:/zh.wikipedia.org/wiki/%E4%BA%94%E6%9C%8D#.E6.96.A9.E8.A1.B0 編製。

[36] 同註 35。

[37] 同註 35，頁 678-679。

對尊才穿喪服、守喪期與喪制，藉此表達孝道，於是「喪服」一詞變成了「孝服」[38]。廣義的「孝服」，包括初終之變服、居喪之孝誌、儀式之孝服、喪期之長短以及居喪之守制。狹義之孝服，則是指治喪過程中，喪家所穿之衣服或物品。傳統孝服依亡者之性別及家屬與亡者之尊卑親疏關係、服孝的輕重不同，所著之孝服有所區別，衣服長短、頭披左右不同。吾人可以穿著何種孝服來分辨亡者與之長幼親疏關係，其中學問可大、關乎儒家禮儀之數。今日之孝服仍可見其表現方式，但是尊卑、長幼之原則已經消失，製作五服之布料無法取得，而以孝服顏色來替代孝服的順序[39]。現在會選擇傳統孝服的喪家越來越少，除非主家要求穿傳統麻衣，或 T 恤綁腰帶加披頭蓋，否則業者嫌麻煩，統統簡化統一。出殯日之後很少戴孝、穿孝服，傳統出殯後改著「文搭」(粗白布)、上衣黑褲孝服、手臂別孝布一年，一年後再改變的規定已不再見，改為在出殯日或百日之後脫孝換紅。此門「遵古禮成五服」的學問漸漸失傳。以孝服的改變來看，馬來西亞的傳統孝服幾乎少見，許多地方是以黑色或白色的運動服裝代替；而臺灣也有類似的情況，在許多的喪禮中見到傳統的五服制已被黑袍所取代。這種改變的原因在於傳統孝服在觀感與穿戴上較為繁複，而黑袍類似佛教的海青較為簡易，加上新一代的人認為應該生前盡孝，亡時不用太過繁複，簡化就好，因此在殯葬業者的鼓吹下家屬就逐漸接受了。

除了上述的簡易理由外，還有一點也很重要，就是現代人的家族關係不像過去那樣。過去大體上都是很大的家族，彼此的關係不僅複雜也很緊密。但是，現在情況不太一樣，不僅家族關係越來越簡單，彼此之間也越來越疏遠。因此，在關係的變化下，表現關係的喪服就變得越來越簡單，也越來越不具傳達親疏關係的意義。

---

[38] 徐福全（1983)，《當前喪葬禮儀規範之研究》。臺北：內政部民政司，頁 82-83。
[39] 同註 35。

五、結語與建議

(一)結語

死亡，是生命中最大的臨界點，是一個由有形進入無形的門檻，因而需要一道道複雜綿密的喪葬儀式，來協助生者穩定情緒、重整家族社會秩序及人生的腳步，也幫助亡者找到一個合適的死後歸宿。因此，禮儀的設計即以招魂的復禮開始，表示生者對於亡者的不捨，希望彼此關係可以繼續維持下去，再漸次進行沐浴、飯含、襲、殮、殯、葬等儀節。每一道禮數的進行，都採取每動而遠卻又接近、有進無退卻又為一的原則，代表生命的不可逆與關係的可轉化；由有形身軀的越去越遠，而將生者對死者的情感漸次轉換為永恆親情的關係。

過去，客家喪葬禮俗對於傳統有其不可撼動的堅持。然而，隨著整個大環境的改變，諸如，政治變遷、殯葬法規的規範、教育普及、經濟繁榮、交通便捷、家庭結構縮小、居住型態高樓化、工作時間固著化、環境保護觀念興起和消費者意識抬頭等[40]，臺灣喪葬儀俗受到影響而有法制化、產業化、專業化、政治化、個性化、簡約化、環保化……等特色產生[41]，即便客家喪葬禮俗想要堅持過去的傳統，這樣的堅持幾乎是不可能的。可是，客家喪葬禮俗還是有其應有的價值，不會隨著時代的變化而改變。因此，我們的任務就是隨順時代的變化，在這樣的變化之中，一方面調整出適合時代要求的形式，一方面保持喪葬禮俗本身原有的永恆價值。如此做

[40] 徐福全（1984，2008 再版），〈臺灣民間傳統喪葬儀節研究〉。臺北：臺灣師範大學國文研究所博士論文。

[41] 徐福全（2013），〈社會變遷下的臺灣喪葬禮俗〉，《平等自主、慎終追遠——現代國民喪禮新書研討會論文集》。臺北：內政部，頁 30-42。

的結果，不僅可以保有客家喪葬禮俗的存在，也才能繼續產生應有的作用，安頓客家人的生死，讓客家人在經過死亡衝擊後仍然可以生死兩相安。

(二)未來研究的建議

經過上述的探討，我們發現客家的喪葬禮俗在時代的變遷中日益簡化。就此而言，我們所看到的這個簡化究竟會簡化到何種程度？對我們又將產生什麼樣的影響呢？事實上，此發展的結果恐無人可知曉。但是，這樣的簡化發展情況未來是否會到達取消整個喪葬禮俗的一天？此項攸關客家喪葬禮俗的重要課題必然亟需進一步的追蹤。既是如此，那麼我們就可以持續關注這個主題作為未來研究之用。

除此之外，我們也發現只有臺馬的局部研究還不夠。因為，要徹底瞭解臺馬的客家喪葬禮俗的變化，我們還需要更大範圍的研究。只有奠基在這樣研究的基礎上，我們才能下更確定的結論。否則，在基礎不夠完整的情況下，我們實難以做出全面的判斷，更遑論提出一個最好的解決方式。因為，在臺馬範圍內的解決做法可能都無法排除有例外的情形發生而影響了質化成果。因此，未來仍有繼續擴大研究範圍之必要。

最後，尚有一個更為重要的問題有待處理，亦即是喪葬禮俗之目的何在？假設其目的在於安頓我們的生死，那麼在時代的變化中我們要採取何種作為才能安頓，此課題確實需要我們進一步的研究。就目前的狀況來看，我們只是對於這個問題做了初步的反省。至於更進一步深入與完整的研究，可能就只有等待未來的機會。畢竟這是一個更大的課題，如果沒有更多的人力、物力與時間的投入，恐難以真正的完成。

參考書目

(一)專論書籍

內政部（2012），〈慎終追遠・性別平等〉，《現代國民喪禮》。臺北：內政部，頁 67-76。

呂子振（1985），《家禮大成》。臺中：瑞成，頁 42-43。

李永球（Lee Eng Kew）（2012），《魂氣歸天——馬來西亞華人喪禮考論》（*A Study of Chinese Obsequies in Malaysia*），馬來西亞：漫延書房。

徐福全（1989），《臺灣民間傳統孝服制度研究》。臺北：文史哲出版社。

陳運棟（1989），《臺灣的客家人》。臺北：臺原出版社。

陳運棟（1993），《客家人》。臺北：東門出版社。

郭振華（1998），《中國古代人生禮俗文化》，西安：陝西人民教育出版社，頁 115。

楊炯山（2002），《喪葬禮儀》。新竹市：竹林書局，頁 473。

《漢書・禮樂志》：「哀有哭痛之節，樂有歌舞之容。」顏師古註：「踴，跳也。哀甚則踴。」古代，父母死，親子要「交手哭踴無數，惻怛痛疾」（漢·戴德《喪服除變》）。後來國君之喪，朝臣朝夕到靈堂踴，嗣皇帝往往也「號慟擗踴，終日不食」，「哭踊無數、哭踊有節」。

《論語・為政》，第五：孟懿子問孝。子曰：「無違。」……樊遲曰：「何謂也？」子曰：「生，事之以禮；死，葬之以禮，祭之以禮。」

(二)研究成果報告

徐福全（1992），《臺北縣因應都市生活改進喪葬禮儀研究》。新北市：新北市政府。

邱達能、王慧芬、林明燦、鄧明宇等，104 客家委員會結案報告「跨國與轉譯——臺灣、馬來西亞兩地客家喪葬禮俗與文化研究」整合型計畫，仁德醫護管理專科學校客家研究中心。

徐福全（1983），《當前喪葬禮儀規範之研究》。臺北：內政部民政司。

(三)碩博士論文

洪筱蘋（2009），〈從臺灣閩南諺語與語彙看喪葬禮俗之變遷——以嘉義地區為例〉。嘉義縣：南華大學生死學研究所碩士論文。

徐福全（1984，2008），〈臺灣民間傳統喪葬儀節研究〉。臺北：臺灣師範大學國文研究所博士論文。

徐福全（1999），〈臺灣民間傳統喪葬儀節研究〉。臺北：臺灣師範大學國文研究所論文。

陳繼成（2002），〈臺灣現代殯葬禮儀師腳色之研究〉。嘉義縣：南華大學生死學研究所碩士論文。

黃芝勤（2015），〈臺灣近代的喪禮告別式〉。臺北：國立臺灣政治大學民族學系博士論文。

楊士賢（2010），〈臺灣釋教拔渡法事及其民間文學研究——以閩南釋教系統之冥路法事為例〉。花蓮縣：國立東華大學民間文學研究所博士論文。

劉益彰（2006），〈彰化地區殯儀館建築空間之研究〉。雲林：雲林科技大學空間設計系碩士班碩士論文。

蔡少華（2007），〈殯葬禮儀師之專業成長歷程——以懷恩祥鶴公司為例〉。

新北市：輔仁大學宗教學系碩士論文。

(四)期刊及研討會論文

王琛發（2008），〈馬來西亞客家文化與文化產業〉。發表於第三屆馬來西亞客家學研討會《繼承與發揚：馬來西亞客家人與文化產業》」，馬來西亞客家公會聯合會、美國歐亞大學、中國嘉應學院、孝恩文化基金會、霹靂州客家公會聯合主辦。

王琛發（2009），〈從墓園祭祀落實儒教精神的重建——兼論馬來西亞華人社會的歷史經驗〉。發表於「多元視域下的儒教形態與儒教重建」學術研討會，中國社會科學院儒教研究中心、山東大學猶太教與跨宗教研究中心、首都師範大學儒教文化研究中心聯合主辦。

王琛發（2012），〈客家人與東南亞：從會館組織的生成與演變看未來〉。參見房學嘉、鄔觀林、冷劍波、宋德劍、蕭文評主編，《客家河源》。廣州：華南理工大學出版社。

徐福全（2013），〈社會變遷下的臺灣喪葬禮俗〉，《平等自主、慎終追遠——現代國民喪禮新書研討會論文集》。臺北：內政部。

黃芝勤（2014），〈臺灣喪禮告別式的研究史〉。國立政治大學民族學系《民族學界》，第 33 期。

(五)網路資料

徐福全（1989）。《臺灣民間傳統孝服制度研究》。臺北：文史哲出版社，頁 28：680-682。維基百科網站，http:/zh.wikipedia.org/wiki/%E4%BA%94%E6%9C%8D#.E6.96.A9.E8.A1.B0 編製。

後　記

自今年三月出版了《綠色殯葬》一書之後，作者內心始終覺得不安。但是，最初並不清楚這個不安的來由，後來靜心沈思，終於發現不安的原因，就是《綠色殯葬》只是這些年來研究成果的一個總結。如果只是從總結來瞭解，那對於這種成果的呈現，必然不會有太清楚與完整的瞭解，所以為了清楚與完整地瞭解，作者特意將過去歷年來有關綠色殯葬的探討集結起來，並加上一些與殯葬相關的論文，構成現在這一本書。如此一來，讀者除了更清楚與完整地瞭解作者的想法，也能更加完整與清楚地認識綠色殯葬的全貌。

在此，除了要感謝家人的支持外，也要感謝校長黃柏翔博士的全力支持，以及師長們的指導與引領，還有揚智閣總編及其他工作人員的辛苦，這本書才能以現在的樣貌出現！

邱達能　謹識

民國 106 年 8 月於苗栗

生命關懷事業叢書

綠色殯葬暨其他論文集

作　　者／邱達能
出 版 者／揚智文化事業股份有限公司
發 行 人／葉忠賢
總 編 輯／閻富萍
地　　址／新北市深坑區北深路三段 260 號 8 樓
電　　話／(02)8662-6826
傳　　真／(02)2664-7633
網　　址／http://www.ycrc.com.tw
E-mail ／service@ycrc.com.tw
ISBN ／978-986-298-272-3
初版一刷／2017 年 9 月
定　　價／新台幣 250 元

國家圖書館出版品預行編目資料

綠色殯葬暨其他論文集 / 邱達能著. -- 初版.
-- 新北市 : 揚智文化, 2017.09
面； 公分. -- (生命關懷事業叢書)

ISBN 978-986-298-272-3（平裝）

1.殯葬業 2.喪禮 3.文集

489.6607 106016262